会声会影X9
视频编辑制作
150例

麓山文化 编著

U0201263

机械工业出版社
CHINA MACHINE PRESS

本书通过 11 大经典应用主题＋68 个贴心技巧提示＋150 个精彩实战案例＋600 分钟高清视频教学＋1634 张素材，循序渐进地讲解了会声会影 X9 从捕获素材、编辑素材、添加特效到刻录输出的全部制作流程，帮助读者在项目实践中不断提高自身水平，成为影像编辑的高手。

全书共 4 篇 21 章，第 1 篇为入门篇，内容包括：会声会影 X9 的快速入门、导入与管理素材；第 2 篇为进阶篇，内容包括：视频与图像的编辑、应用视频滤镜、应用转场效果、应用覆叠效果、添加标题字幕等；第 3 篇为提高篇，内容包括：音频添加制作、视频分享输出，以及使用各种辅助软件添加特效等；第 4 篇为实战篇，内容包括：广告制作——时尚家居广告、栏目片头——人文社会、宣传视频——KTV 宣传、风景记录——你好，海南、展览视频——国际车展、课件制作——诗歌欣赏、视频集锦——跑酷高手、儿童相册——成长故事、婚纱相册——执子之手、少女写真——魅力青春、城市宣传——魅力长沙共 11 大综合实例制作，来巩固前面各章所学的知识，并达到灵活运用、积累实际项目制作经验的目的。

本书配套资源丰富，内容包括全书所有实例的素材和制作完成的项目文件，以及时长达 600 分钟的高清语音视频教学录像，再现书中每个实例的制作过程，可大大提高学习的效率和兴趣。并赠送 Flash 动画、边框、相框、遮罩等 1634 张超值的会声会影视频制作素材。让读者花一本书的钱，享受多本书的价值。

本书结构清晰、内容丰富，适合于会声会影初、中级读者阅读，包括广大 DV 爱好者、数码照片/影像相册工作者、数码家庭用户及视频编辑处理人员等。

## 图书在版编目（CIP）数据

中文版会声会影 X9 视频编辑制作 150 例 / 麓山文化编著. – 5 版. –北京：机械工业出版社, 2017.9
ISBN 978-7-111-57815-4

Ⅰ. ①中… Ⅱ. ①麓… Ⅲ. ①视频编辑软件 Ⅳ. ①TN94

中国版本图书馆 CIP 数据核字(2017)第 207009 号

机械工业出版社（北京市百万庄大街 22 号　邮政编码 100037）
责任编辑：曲彩云　责任校对：贾丽萍
印　　刷：北京兰星球彩色印刷有限公司
2017 年 9 月第 5 版第 1 次印刷
184mm × 260mm·17.5 印张·429 千字
标准书号：ISBN 978-7-111-57815-4
定价：69.00 元
凡购本书，如有缺页、倒页、脱页，由本社发行部调换

电话服务　　　　　　　　　　　网络服务
服务咨询热线：010-88361066　　机工官网：www.cmpbook.com
读者购书热线：010-68326294　　机工官博：weibo.com/cmp1952
　　　　　　　010-88379203　　金书网：www.golden-book.com
编辑热线　　　010-88379782　　教育服务网：www.cmpedu.com

封面无防伪标均为盗版

# 前　言
## Foreword

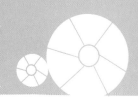

### ⭐ 软件简介

会声会影 X9 是 Corel 公司最新推出的一款操作简单、功能强大的 DV、HDV 影片剪辑软件，提供了多种可支持最新视频编辑技术的高级功能，用户可以轻松地自制家庭影片并将其分享给亲朋好友。

### ⭐ 本书特色

本书是一本会声会影 X9 的实例型教程，以通俗易懂的语言，实用有趣的实例，带领读者体验在家当导演的乐趣。

本书具有以下 4 个特点：

◎ **案例为主　实战为王**　本书采用实例教学的方式，通过对 150 个经典案例讲解，将会声会影基础的理论知识和各项功能融会贯通于一步一步的动手操作中。

◎ **知识全面　融会贯通**　本书从捕获素材、编辑素材、添加特效到刻录输出，全面的讲解了视频剪辑的全部过程。68 个贴心技巧提示+11 大经典应用主题，囊括了会声会影最常用的应用领域，更方便读者提升实战经验。

◎ **举一反三　激发创意**　本书内容丰富实用，几大实例涵盖广告制作、栏目片头、宣传视频、风景记录、车展动画、课件制作、视频集锦、及电子相册等多个领域，深入到会声会影 X9 的每个核心技术。能激发读者创意和灵感，并学以致用，制作出更加精彩绝伦的影片。

◎ **视频教学　轻松学习**　本书实例步骤清晰，层次分明。配套资源中提供了详细的语言视频教学，成倍提高了学习效率和学习兴趣，无后顾之忧。

### ⭐ 本书的配套资源

本书物超所值，除了书本之外，还附赠以下资源，扫描"资源下载"二维码即可获得下载方式。

配套教学视频：配套 141 集高清语音教学视频，总时长 600 分钟。读者可以先像看电影一样轻松愉悦地通过教学视频学习本书内容，然后对照书本加以实践和练习，以提高学习效率。

本书实例的文件和完成素材：书中的 150 个实例均提供了源文件和素材，读者可以使用会声会影 X9 打开或访问。

附赠素材：免费赠送的 Flash 动画、背景、音效、相框、遮罩等会声会影视频制作所需的常用素材，读者在实际视频制作过程中

资源下载

灵活运用，可以大幅提升工作效率。

## ⭐ 创作团队

　　本书由麓山文化主编，参加编写的有：陈志民、江凡、张洁、马梅桂、戴京京、骆天、胡丹、陈运炳、申玉秀、李红萍、李红艺、李红术、陈云香、陈文香、陈军云、彭斌全、林小群、刘清平、钟睦、刘里锋、朱海涛、廖博、喻文明、易盛、陈晶、张绍华、黄柯、何凯、黄华、陈文轶、杨少波、杨芳、刘有良、刘珊、赵祖欣、毛琼健等等。

　　由于作者水平有限，书中错误、疏漏之处在所难免。在感谢您选择本书的同时，也希望您能够把对本书的意见和建议告诉我们。

读者服务邮箱：lushanbook@qq.com

读 者 QQ 群：327209040

读者交流

麓山文化

# 目录

## 第 6 章 应用覆叠效果      **70**

## 第 7 章 添加标题字幕      **95**

## 第 3 篇 提高篇

### 第 8 章 音频添加制作 ··············· 115

### 第 9 章 视频分享输出 ··············· 126

### 第 10 章 辅助软件 ················· 138

## 第 4 篇 实战篇

# 第1篇 入门篇

# 第1章

## 会声会影 X9 快速入门

会声会影 X9 是一套简单易用的个人家庭剪辑软件，主要面向家庭 DV（数码摄像机）用户。应用非常广泛，既可以刻录光盘、制作电子相册、节日贺卡、MTV 等家庭视频作品，也可以应用于商业制作广告宣传、栏目片头、动画游戏等项目。本章是对会声会影 X9 的基本介绍，掌握后能为后面的深入学习打下坚实的基础。

- ◆ 会声会影 X9 的特点及新增功能
- ◆ 安装会声会影 X9
- ◆ 卸载会声会影 X9
- ◆ 会声会影 X9 工作界面及视图模式
- ◆ 会声会影常用术语

# 001

# 会声会影 X9 简介

会声会影 X9 是 Corel 公司最新推出的视频编辑软件，它在原有功能的基础上又添加了一些新的功能。在本实例中将具体介绍会声会影的特点及新增功能。

## 1. 会声会影的特点

会声会影的功能灵活易用，编辑步骤清晰明了，即使是初学者也能在软件的引导下轻松制作出好莱坞级的视频作品。会声会影提供了从捕获、编辑到输出的一系列功能。拥有上百种视频转场特效、视频滤镜、覆叠效果及标题样式，用户可以利用这些元素修饰影片，制作出更加生动的影片效果。

## 2. 会声会影 X9 的新增功能

会声会影最大的特点就是操作简单，效果出众，采、编、刻一气呵成，会声会影 X9 在继承以上优点的同时也有了新的改进，其初始界面如下图所示。

### ◆ 多相机编辑器

使用这个功能可以通过从不同相机、不同角度捕获的事件镜头创建外观专业的视频编辑。通过简单的多视图工作区，可以在播放视频素材的同时进行动态编辑。只需单击一下，即可从一个视频素材切换到另一个，与播音室从一个相机切换到另一个来捕获不同场景角度或元素的方法相同，如下图所示。

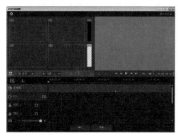

### ◆ 增强的等量化音频

在处理不同设备的多个音频记录时，无论是视频素材的一部分还是仅音频素材，每个素材的音量必然有所不同，有时甚至差异很大。通过等量化音频，可以平衡多个素材的音量，以便保证整个项目播放期间音量范围相同，如下图所示。

### ◆ 音频闪避

通过增强音频闪避，用户可以对音频闪避的引入和引出时间、自动降低背景声音进行微调，以便能够更加清楚地听清叙述者的声音。

### ◆ 全新的添加 / 删除轨道

通过利用全新的右键单击访问，无需打开轨道管理器即可插入并删除轨道，从而停留在时间轴的编辑流程中，如下图所示。

#### ◆多点运动追踪

这个是在运动追踪的基础上新增了一个多点运动追踪的选项，使用运用追踪更加准确。借助运动追踪的多点追踪器，更加方便准确地在人物或移动对象上应用马赛克模糊。当人物或对象离相机更近或更远时，自动调整马赛克模糊的大小，如下图所示。

#### ◆增强的音频滤镜库

在滤镜中新增了音频滤镜的显示窗口，用户再处理音频文件时就可以直接使用而不必再右击从菜单栏中先选择音频滤镜然后再添加，如下图所示。

#### ◆增强的素材库

素材库中现在可以使用音频滤镜和视频滤镜。此外，导入和备份功能进行了改进，也就是说，可以保留自定义素材库和配置文件，使得在升级或更改设备时，备份和恢复配置文件和媒体文件更加容易。

#### ◆支持更多格式

支持 HEVC（H.265）和 *MXF（XAVC），兼容性更高。通过提高压缩率（文件缩小了 50%）、使新格式更适合减小文件大小（特别是在创建 4K 项目时），HEVC 对 H.264 进行了改进。

#### ◆优化性能和速度

编辑视频时，速度和性能始终非常重要。会声会影针对第六代 Intel 芯片进行优化，并改进了 MPEG 4 和 MOV 回放性能，从而确保编辑工作高效有趣。

#### ◆更多 NewBlue 性能

使用来自业界领导者 NewBlue 的附加工具，制作难以置信的特殊效果。会声会影 X9 旗舰版在丰富的效果过滤器系列中增加了 *NewBlue Video Essentials VII，有助于纠正色彩、色调和细节，或增加特殊效果，例如倾斜度填充、PIP、自动摇动等。

#### ◆影音快手模板设计器

在会声会影 X9 中创建影音快手 X9 模板。与即时项目模板（实际上是之前保存的静态项目）不同，影音快手模板根据用户放入照片和视频的数量自动扩大或缩小，如下图所示。

# 002

# 安装会声会影 X9

会声会影 X9 的安装方法十分简单，每步操作系统都会有相应的文字提示，本实例中将介绍会声会影 X9 的安装。

**01** 将会声会影 X9 安装光盘放入光盘驱动器中，系统将自动弹出安装界面，单击"会声会影 X9"按钮，即可进行会声会影 X9 软件的安装。

**02** 进入"正在初始化安装向导"界面，即可初始化安装会声会影 X9 软件，并显示初始化进度，如下图所示。

**03** 进入"许可证协议"界面，勾选"我接受许可协议中的条款"复选框，然后单击"下一步"按钮，如下图所示。

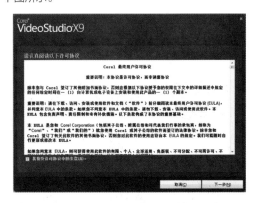

**04** 进入"使用者体验改进计划"界面，勾选"启用使用者体验改进计划"复选框，然后单击"下一步"按钮，如下图所示。

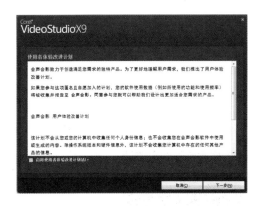

**05** 进入下一个页面，输入序列号，再次单击"下一步"按钮，进入下一个页面，设置相应参数，用户可根据需要设置软件的安装路径，单击"下一步"按钮，如下图所示。

**06** 安装界面正在配置完成进度，如下图所示。

**07** 安装向导成功完成后，单击"完成"按钮就可以完成会声会影 X9 程序的安装，如下图所示。

**08** 安装完成后，就可以启动会声会影，开始视频剪辑之旅了。用户在会声会影 X9 中完成视频的剪辑，添加特效等操作后需要将视频保存并执行【退出】操作。

# 003

## 卸载会声会影 X9

当用户出现程序无法正常运行或不再需要使用会声会影 X9 的时候，可对其进行卸载。本实例中我们将利用系统自带的卸载程序卸载会声会影 X9。

**01** 执行【开始】|【控制面板】命令，打开控制面板，单击"卸载程序"链接，如下图所示。

**02** 弹出"程序"对话框，选择要卸载的 Corel VideoStudio Pro X9，然后单击鼠标右键，单击"卸载 / 更改"按钮，如下图所示。

**03** 弹出提示对话框，等待数秒，如下图所示。

**04** 弹出"确定完全删除 Corel VideoStudio Pro X9"对话框，勾选"清除 Corel VideoStudio Pro X9 中的所有个人设置"复选框，单击"删除"按钮，如下图所示。

**05** 系统将会提示正在完成配置，如下图所示。

**06** 所有配置完成后，单击"完成"按钮，就可以完成会声会影 X9 程序的卸载，如下图所示。

提示：除了可以使用系统自带的卸载程序卸载会声会影 X9 外，还可以借助外部软件卸载，如 360 软件管家等。用户可以根据自己的习惯选择软件来卸载程序。

# 会声会影 X9 工作界面

本实例中将初步认识会声会影 X9 的工作界面和视图模式。

## 1 会声会影 X9 工作界面

会声会影工作界面主要由菜单栏、步骤面板、选项面板、预览窗口、导览面板、素材库及时间轴组成，如下图所示。

菜单栏　预览窗口　导览面板　时间轴　步骤面板　素材库　选项面板

## 2 会声会影 X9 视图模式

会声会影提供了三种视频编辑模式，分别为故事板视图、时间轴视图和混音器视图。

◆ "故事板视图"是一种简单明了的编辑模式，单击时间轴上方的"故事板视图"按钮，即可切换至"故事板视图"编辑模式，如下图所示。

◆ "时间轴视图"是最常用的编辑模式，相对复杂一些，但它的功能却强大很多。用户可以对标题、字幕、音频等素材进行编辑。单击"时间轴视图"按钮，即可切换至"时间轴视图"编辑模式，如下图所示。

◆"混音器视图"是对音频进行调整的编辑模式，可以调整音频轨的音量，也可以设置淡入淡出、音频特效等。单击"混音器"按钮 ，即可切换至"混音器视图"，如下图所示。

提 示：不同的视图模式是针对不同情况来设定的，可以根据需要选择其中的一种视图模式。

# 005

# 会声会影常用术语

会声会影 X9 虽然是一款操作简单的视频编辑软件，但是同样会用到许多视频编辑的专业术语。本例中将简单介绍一些会声会影中常用的术语。

| 常用术语 | 术语解析 |
| --- | --- |
| 项目 | 指进行视频编辑等加工操作的文件，如照片、视频、音频、边框素材及对象素材等 |
| 素材 | 在会声会影中可以进行编辑的对象称为素材，如照片、视频、声音及标题等 |
| 模板 | 会声会影提供的工作样式，在模板中包含了预定义的格式和设置，便于用户快速简便地使用 |
| 捕获 | 指从摄像机、电视、VCD 及 DVD 等视频源中获取视频数据 |
| 帧 | 视频技术中最小单位的单幅影像画面，相当于电影胶片上的一个镜头 |
| 关键帧 | 表示关键状态的帧叫做关键帧。任何动画要表现运动或变化，至少前后要给出两个不同的关键状态，而中间状态的变化和衔接，计算机可以自动生成 |
| 区间 | 区间就是素材占用的时间长度 |
| 标题 | 视频中的标题、字幕或其他文字 |
| 滤镜 | 用于实现素材的各种特殊效果。 |
| 转场 | 几个镜头组合，上一个镜头过渡到下一个镜头时的切换效果 |
| 覆叠 | 叠加在项目中现有的素材之上的图像或视频素材 |
| 输出 | 影片制作完成后将影片输出的过程 |

# 006

## 模板快速制作——即时项目

即时项目是会声会影中自带的模板，包括开始、当中、结尾等多类，可以根据需要添加模板到时间轴中的开始或结尾处。本实例中将介绍如何使用即时项目模板快速制作影片。

素材文件：DVD\ 素材 \ 第 1 章 \ 例 006

视频文件：DVD\ 视频 \ 第 1 章 \ 例 006.mp4

**01** 进入会声会影，在素材库中单击"即时项目"按钮，如下图所示。

**02** 在"即时项目"素材库中选择一类模板，如下图所示。

**03** 选择一个模板，在导览面板中单击"播放"按钮播放模板，如下图所示。

**04** 将模板拖入到时间轴中。或者单击鼠标右键，执行【在开始处添加】命令，如下图所示。

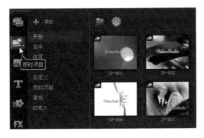

**05** 此时时间轴中即添加了模板，如下图所示。

**06** 选择照片 1，单击鼠标右键，执行【替换素材】|【照片】命令，如下图所示。

**07** 在弹出的对话框中选择素材，单击【打开】按钮，如下图所示。

**08** 用同样的方法替换其他照片素材，如下图所示。

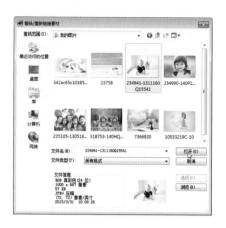

**09** 同理，可以对其他照片、视频或音频素材进行替换。选择标题素材，双击鼠标，然后在预览窗口中双击鼠标，修改文字，如下图所示。

**10** 用同样的方法可以修改其他标题。在导览面板中单击"播放"按钮，预览窗口中预览效果，如下图所示。

# 007

# 模板快速制作——影音快手

影音快手与即时项目类似，也是会声会影中的模板，但影音快手相对来说，更便捷方便。本实例将介绍使用影音快手模板快速制作影片。

 素材文件：无

 视频文件：DVD\ 视频 \ 第 1 章 \ 例 007.mp4

**01** 在会声会影中执行【工具】|【影音快手】命令，或直接在桌面双击"影音快手"图标，如下图所示。

**02** 打开"影音快手"界面，在右侧列表中选择一个主题，如下图所示。

**03** 单击左侧的"播放"按钮播放效果，如下图所示。

**04** 选择合适的模板后，单击"添加媒体"步骤，如下图所示。

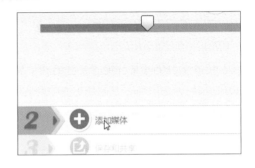

**05** 在右侧单击"添加媒体"按钮，如下图所示。

**06** 在打开的对话框中，按住 Ctrl 键，选择多张照片，单击"打开"按钮，如下图所示。

**07** 添加照片后，在左侧拖动滑块预览大致效果，如下图所示。

**08** 将滑块拖至紫色条区域，单击"编辑标题"按钮，如下图所示。

**09** 在上方预览窗口中修改文字内容，完成修改后在文字外单击鼠标，拖动文字四周的节点可以调节大小与角度，如下图所示。

**10** 在右侧修改文字的字体、颜色等参数，如下图所示。用同样的方法修改其他文字。

**11** 单击"保存和共享"步骤，选择格式，设置名称与位置，单击"保存影片"按钮，如下图所示。

**12** 影片进行渲染，渲染完成后弹出提示对话框，单击"确定"按钮，如下图所示。

**13** 单击"播放"按钮，播放影片，如下图所示。

**14** 在弹出的对话框中预览影片效果，如下图所示。

# 第 2 章

## 导入与管理素材

在编辑影片前，首先需要捕获素材文件，然后对素材进行管理，才能更好地编辑制作影片视频。本章将具体介绍素材的导入与管理。

- ◆ 从 DVD 中捕获视频
- ◆ 从 DVD 中捕获静态图像
- ◆ 从数字媒体导入视频
- ◆ 通过摄像头捕获视频
- ◆ 录制画外音
- ◆ 批量转换视频
- ◆ 使用绘图器编辑
- ◆ 添加和删除媒体文件
- ◆ 创建和管理素材库

# 008

## 从DV中捕获视频

在会声会影中，用户可以直接从DV中捕获需要的视频素材。本实例中将具体介绍从DV中捕获视频的操作方法。

 素材文件：无

 视频文件：无

**01** 进入会声会影X9，单击"捕获"按钮，切换至"捕获"步骤面板，如下图所示。

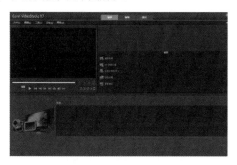

**03** 弹出"捕获视频"对话框，单击捕获文件夹右侧的"捕获文件夹"按钮，如下图所示。

**02** 在"捕获"选项面板中单击"捕获视频"按钮，如下图所示。

**04** 弹出"浏览文件夹"对话框，选择需要保存的文件夹位置，如下图所示，单击"确定"按钮完成设置。

从DV磁带摄像机捕获视频需要使用视频采集卡，其余类型的摄像机可以直接通过USB接口或光驱直接将视频文件复制到电脑硬盘上。

**05** 单击选项面板中的"捕获视频"按钮，开始捕获视频，如下图所示。

**06** 捕获到合适位置后，单击"停止捕获"按钮，如下图所示。捕获完成的视频文件即可保存到素材库中。

# 009

## 从 DV 中捕获静态图像

会声会影 X9 不仅可以获取视频文件，还可以获取静态图像，就是把视频中的某一帧图像捕获成静态图像。

素材文件：无

视频文件：无

**01** 执行【设置】|【参数选择】命令，弹出"参数选择"对话框，选择"捕获"选项卡，如下图所示。

**02** 在捕获格式右侧单击三角按钮，在弹出的下拉列表中选择 JPEG 选项，如下图所示，设置完成后，单击"确定"按钮，即可完成捕获图像参数的设置。

**03** 进入会声会影 X9，单击"捕获"按钮，切换至"捕获"步骤面板，在"捕获"选项面板中单击"捕获视频"按钮，在选项面板中，单击"捕获文件夹"按钮，如下图所示。

**04** 在弹出的"浏览文件夹"对话框中，选择其保存位置，如下图所示。

**05** 单击"确定"按钮，在选项面板中单击"抓拍快照"按钮，如下图所示。

**06** 进行捕获静态图像，捕获静态图像完成后，会自动显示在时间轴中，如下图所示。

# 010

## 从数字媒体导入视频

"从数字媒体导入"功能是针对于 DVD 或 VCD 光盘。该功能可以将 DVD 摄像机存储在光盘中的视频文件捕获到计算机中作为视频素材。本实例将具体介绍从数字媒体导入视频的操作方法。

素材文件：无

视频文件：DVD\ 视频 \ 第 2 章 \ 例 010.mp4

**01** 将光盘放入光盘驱动器中，进入会声会影 X9，切换至"捕获"步骤面板，在"捕获"选项面板中单击"从数字媒体导入"按钮，如下图所示。

**02** 弹出"选取'导入源文件夹'"对话框，在弹出的对话框中选中指定的驱动器，如下图所示。

**03** 单击"确定"按钮，弹出"从数字媒体导入"对话框，在对话框中选择需要的光驱，如下图所示。

**04** 单击"起始"按钮，从弹出的对话框中选择要导入的项目文件，然后单击"开始导入"按钮，程序开始自动导入视频，导入完成后视频轨中将显示导入的视频，如下图所示。

提示：在会声会影 X9 的素材库中也能找到从数字媒体导入的视频素材。

# 011

## 通过摄像头捕获视频

在会声会影中，也可以直接从与计算机连接的摄像头捕获视频。本实例将具体介绍通过摄像头捕获视频的操作方法。

 素材文件：无

 视频文件：无

**01** 进入会声会影 X9，单击"捕获"按钮，进入"捕获"步骤，然后单击选项面板上的"捕获视频"按钮，如下图所示。

**02** 选项面板上会显示会声会影所找到的摄像头名称，如下图所示。

**03** 单击"捕获视频"按钮，开始捕获摄像头拍摄的视频，完成后单击"停止捕获"按钮，如下图所示。

**04** 捕获完成后，视频素材被保存到素材库中，单击导览面板中的"播放"按钮，可预览效果，如下图所示。

提示：只要将 USB 接口的摄像头与计算机连接，就可以通过摄像头捕获视频了。

# 012

## 录制画外音

在会声会影中，可以直接用麦克风录制语音文件并应用到视频文件中。本实例中将具体介绍画外音的录制。

 素材文件：无

 视频文件：DVD\视频\第 2 章\例 012.mp4

**01** 正确连接麦克风到电脑上，进入会声会影 X9，在时间轴视图中单击"录制／捕获选项"按钮，如下图所示。

**02** 在弹出的对话框中选择"画外音"按钮，如下图所示。

**03** 弹出"调整音量"对话框，对着麦克风测试语音输入设备，检测仪表工作是否正常，如下图所示。

**04** 单击"开始"按钮就可以通过麦克风录制语音。然后按 Esc 键即结束录音。录制结束后，语音素材会被插入到项目时间的声音轨中，如下图所示。

 提示：语音录制完成后，直接单击时间轴中空白处即可结束录音。

# 013

## 批量转换视频

成批转换工具是统一转换项目中的所有视频格式，使管理更方便，输出速度更快。在本实例中将具体介绍视频的批量转换。

 视频文件：DVD\ 视频 \ 第 2 章 \ 例 013.mp4

**01** 进入会声会影 X9，执行【文件】|【成批转换】命令，如下图所示。

**02** 弹出"成批转换"对话框，单击"添加"按钮，如下图所示，添加视频素材。

**03** 单击"保存文件夹"后面的 按钮选择保存路径，在"保存类型"下拉列表中选择要转换的视频格式，如下图所示。

**04** 单击"选项"按钮，在"视频保存选项"对话框中设置视频文件的品质，如下图所示。单击"确定"按钮完成设置。

 提示：会声会影成批转换的视频格式不包括会声会影所不支持的（\*.rmvb）、（\*.mkv）等格式。这时需要借助外部软件视频转换器来转换视频格式。

**05** 在"成批转换"对话框单击"转换"按钮进行文件的转换，如下图所示。

**06** 转换完成后，弹出"任务报告"对话框，单击"确定"按钮完成视频文件的转换操作，如下图所示。

# 014

## 使用绘图器编辑

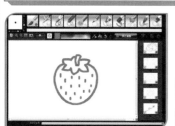

绘图创建器可以将绘制的过程记录成动画素材并在会声会影里使用。在本实例中将具体介绍如何使用绘图器编辑。

 素材文件：DVD\ 素材 \ 第 2 章 \ 例 014

 视频文件：DVD\ 视频 \ 第 2 章 \ 例 014. mp4

**01** 进入会声会影 X9，执行【工具】|【绘图创建器】命令，如下图所示。

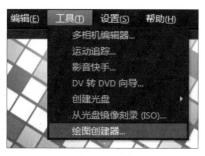

**02** 在 "绘图创建器" 面板中单击 "背景图像选项" 按钮 ，打开 "背景图像选项" 对话框，单击 "自定图像" 单选按钮，如下图所示。

**03** 选择附带光盘中的文件素材 (DVD\ 素材 \ 第 2 章 \ 例 012\ 012.jpg)，如下图所示。然后单击 "确定" 按钮关闭窗口。

**04** 单击 "开始录制" 按钮，即可参考背景图像绘制，绘制完成后单击 "停止录制" 按钮，如下图所示。

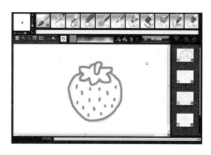

**05** 单击 "更改选择的画廊区间" 按钮，在打开的 "区间" 对话框中设置素材的 "区间" 参数为 10 秒，如下图所示。单击 "确定" 按钮完成设置。

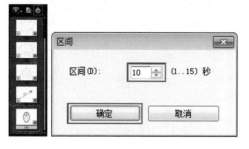

**06** 回到 "绘图创建器" 面板，单击 "确定" 按钮完成素材的绘制，如下图所示。绘制完成后素材会自动保存到会声会影素材库中。

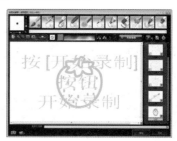

提示：默认设置下，绘制素材的背景是透明的，便于在覆叠轨中使用。要想绘制带有背景的素材，需要进行相应的设置。单击"绘图创建器"窗口左下角的"参数选择设置"按钮 ，在弹出的对话框中取消"启用图层模式"复选框的选中状态即可。还可以通过"默认背景色"颜色框设置背景画布的颜色。

# 015

## 查看素材库

在会声会影 X9 中可以通过显示按钮来查看相应的素材。在本实例中将具体介绍素材库的查看。

视频文件：DVD\ 视频 \ 第 2 章 \ 例 015.mp4

**01** 进入会声会影 X9，在素材库面板中可以看到视频、照片、音频都放在同一素材库中，此时的素材以缩略图视图显示，如下图所示。

**02** 单击"隐藏视频"按钮即可隐藏视频素材，如下图所示。

**03** 如果想显示出视频文件，单击"显示视频"按钮即可显示出视频素材，如下图所示。

**04** 用同样的方法可以隐藏或显示照片和音频素材，如下图所示。

**05** 单击"隐藏标题"按钮，则素材仅以缩略图显示，不显示标题，如下图所示。

**06** 单击"列表视图"按钮，则素材以列表排列，如下图所示。

提示：当素材库上方按钮变成灰色时，即隐藏了相应素材文件，单击相应按钮又可显示出相应素材。

# 016

## 添加和删除媒体文件

将已经保存在硬盘上的素材添加到会声会影素材库中，或将不需要的素材从素材库中删除，能便于日后的使用和管理。本实例中将具体介绍素材文件的添加和删除。

视频文件：DVD\视频\第2章\例016.mp4

**01** 进入会声会影X9，在素材库面板中单击"导入媒体文件"按钮，如下图所示。

**03** 单击"打开"按钮，即可将素材文件添加到会声会影素材库中，如下图所示。

**05** 在素材库中选择一张不需要的素材图像，单击鼠标右键，执行【删除】命令，如下图所示。

**02** 在弹出的"浏览媒体文件"对话框中选择需要的素材文件，如下图所示。

**04** 在素材库中单击鼠标右键，执行【插入媒体文件】命令也可将素材添加到素材库中，如下图所示。

**06** 选择另外一张不需要的素材图像，按Delete键，在弹出的对话框中，单击"是"按钮，即可将其删除，如下图所示。

# 017

## 恢复素材库

如果不小心删除了会声会影素材库自带的素材文件，或素材库中的素材比较杂乱时，可以通过重置素材库将其恢复。本实例中将具体介绍素材文件的恢复方法。

 视频文件：DVD\ 视频 \ 第 2 章 \ 例 017. mp4

**01** 进入会声会影 X9，执行【设置】|【素材库管理器】|【重置库】命令，如下图所示。

**02** 弹出提示对话框，单击"确定"按钮，如下图所示。

**03** 弹出如下对话框提示用户"媒体库已重置"。单击"确定"按钮完成设置。

**04** 此时素材库已经恢复到默认状态，如下图所示。

# 018

## 创建和管理素材库

创建新的素材库可以便于管理。本实例中将具体介绍素材库的创建和管理。

 视频文件：DVD\ 视频 \ 第 2 章 \ 例 018. mp4

**01** 进入会声会影 X9，单击素材库面板中的"添加新文件夹"按钮，如下图所示。

**02** 此时添加了一个素材库，修改名称为"临时"，如下图所示。

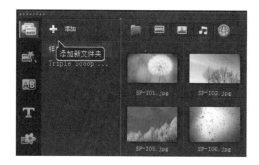

**03** 在素材库中单击鼠标右键，执行【插入媒体文件】命令，如下图所示。在弹出的对话框中选择素材，单击"打开"按钮。

**04** 插入素材后，在素材库右上方单击"对素材库中的素材排序"按钮，如下图所示。

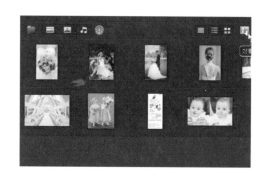

**05** 在弹出的下拉列表中选择【按名称排列】命令，如下图所示。

**06** 素材库中的文件自动排列了顺序，如下图所示。

# 第 3 章

## 视频与图像的编辑

会声会影 X9 拥有强大的视频编剪、编辑、调整顺序等操作，完成影片的初步制作。本章将重点介绍素材的编辑流程和方法。通过本章的学习，读者可以根据自己的需要来制作影片。

◆ 设置项目属性

◆ 调整素材区间

◆ 调整素材顺序

◆ 摇动和缩放图像

◆ 修剪剪辑视频

◆ 素材变形

◆ 变频调速

◆ 智能包输出

# 019

## 设置项目属性

项目属性决定了影片在预览时的外观和质量。在使用会声会影制作影片前，应该先对项目属性进行设置。本实例将具体介绍项目属性的设置。

 视频文件：DVD\视频\第 3 章\例 019.mp4

### 设置 MPEG 项目属性

**01** 进入会声会影 X9，执行【设置】|【项目属性】命令，如下图所示。

**03** 进入"常规"选项卡，在标准下拉列表中设置影片的尺寸大小，如下图所示。

### 设置 AVI 项目属性

**01** 在"项目属性"对话框的"编辑文件格式"下拉列表中选择"DV/AVI"，单击"编辑"按钮，如下图所示。

**02** 确认"编辑文件格式"下拉列表中的选项为"MPEG-4"，单击"编辑"按钮，如下图所示。

**04** 进入"压缩"选项卡，设置影片的"视频类型"后，单击"确定"按钮完成设置，如下图所示。

**02** 进入"常规"选项卡，在"帧速率"下拉列表中选择 25，在"标准"下拉列表中选择影片的尺寸大小，如下图所示。

**03** 进入"AVI"选项卡,在"压缩"下拉列表中选择视频编码方式,单击"配置"按钮对视频编码方式进行设置,如右图所示。然后单击"确定"按钮完成设置。

# 020

## 添加素材到时间轴中

将素材添加到时间轴中是视频编辑的第一步,本实例介绍五种添加方法。

 视频文件:DVD\视频\第3章\例020.mp4

**01** 第1种方法:选择素材库中的素材,拖动到时间轴的任意轨道上,释放鼠标即可将素材库中的素材添加到时间轴,如下图所示。

**02** 第2种方法:选择素材库中的素材,单击鼠标右键,执行【插入到】命令,在选项列表中选择需要插入的轨道,如下图所示。

**03** 第3种方法:从计算机中选择文件,将文件拖入到会声会影时间轴中即可。第4种方法:在时间轴中单击鼠标右键,在打开的快捷菜单至选择相应的命令,如下图所示。

**04** 弹出对话框,如下图所示,选择素材,单击"打开"按钮即可。

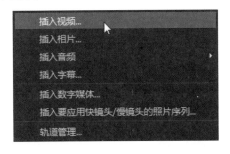

**05** 第 5 种方法：执行【文件】|【将媒体文件插入到】命令，在弹出的列表中选择相应的命令，如右图所示。

# 021

## 替换与删除素材

添加到时间轴中的素材可以替换成其他素材，替换后的素材应用原素材的所有效果。

视频文件：DVD\ 视频 \ 第 3 章 \ 例 021.mp4

**01** 打开项目文件，选择素材，单击鼠标右键，执行【替换素材】|【照片】命令，如下图所示。

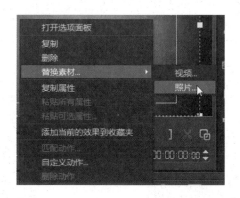

**02** 在打开的对话框中选择照片素材，单击【打开】按钮，如下图所示。

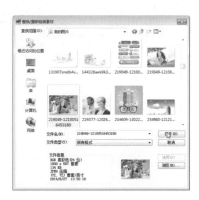

**03** 此时时间轴中的素材已经被替换，如下图所示。用同样的方法可以替换视频、音频素材。

**04** 对于时间轴中多余的素材可以选择后按 Delete 键删除，也可单击鼠标右键，执行【删除】命令，如下图所示。

# 022

## 复制素材

在后面的视频制作过程中会经常用到相同的素材，在时间轴中"复制素材"的操作能加快工作效率。

 视频文件：DVD\ 视频 \ 第 3 章 \ 例 022.mp4

**01** 在时间轴中插入素材，按 Ctrl+C 组合键，或单击鼠标右键执行【复制】命令，如下图所示。

**02** 此时的光标形状如下图所示。

**03** 在合适的位置单击鼠标即可将复制的素材粘贴到该位置，如右图所示。

# 023

## 重新链接素材

保存影片后，由于素材的名称、位置的修改会导致再次打开项目时，无法识别素材，而需要重新链接。

 视频文件：DVD\ 视频 \ 第 3 章 \ 例 023.mp4

01 打开项目文件，此时会发现弹出提示一个对话框，提示原始文件不存在，如下图所示。

02 此时的时间轴的素材如下图所示。

 提示：取消"重新链接检查"复选框后则下次不再弹出"重新链接"对话框。

03 单击"重新链接"按钮，在弹出的对话框中选择素材，单击"打开"按钮，如下图所示。

04 此时的时间轴中素材被重新链接，如下图所示。

# 024

## 开启重新链接素材

若取消"重新链接检查"复选框不再弹出"重新链接"对话框，也可以设置开启。

 视频文件：DVD\ 视频 \ 第 3 章 \ 例 024.mp4

01 执行【设置】|【参数选择】命令，如下图所示。

02 在弹出的对话框中勾选"重新链接检查"复选框，如下图所示。单击"确定"按钮即可。

# 025

## 调整素材区间

区间是指素材或整个项目的时间长度，会声会影提供了很多设置区间的方法。本实例将具体介绍如何调整素材区间。

  素材文件：DVD\ 素材 \ 第 3 章 \ 例 025

  视频文件：DVD\ 视频 \ 第 3 章 \ 例 025. mp4

**01** 进入会声会影 X9，在视频轨中添加一张素材图片，如下图所示。

**03** 另一种方法是展开"选项"面板，设置"照片"选项卡中的"照片区间"参数，可以精确控制区间长度，如下图所示。

**05** 在弹出的"区间"对话框中设置区间长度，如下图所示。

**02** 选中素材，此时素材呈黄色边框，将光标放置在黄色边框的一侧，向右侧拖动光标可以增加图形素材区间，如下图所示。反之，向左侧拖动边框可以缩短素材区间。

**04** 第三种方法是在项目时间轴中的素材上单击鼠标右键，执行【更改照片区间】命令，如下图所示。

**06** 单击导览面板中的"播放"按钮，预览最终效果，如下图所示。

提示：如果需要同时更改几个素材的区间，可在故事板中按 Shift 键同时选中几个素材，然后单击鼠标右键，执行【更改照片区间】命令，在弹出的对话框中修改区间参数。

# 026

## 调整素材顺序

素材的顺序决定了视频的播放顺序，我们可以按照需要对素材顺序进行调整，以达到理想的效果。本实例将具体介绍素材顺序的调整。

素材文件：DVD\ 素材 \ 第 3 章 \ 例 026

视频文件：DVD\ 视频 \ 第 3 章 \ 例 026.mp4

**01** 进入会声会影 X9，在故事板视图中插入两张素材，选择需要移动的素材，按住鼠标左键不放，拖动到第一张素材的前面，如下图所示。

**02** 释放鼠标左键，即可看到素材调整后的顺序，如下图所示。

**03** 单击导览面板中的"播放"按钮，即可预览调整素材顺序后的最终效果。

# 027

## 摇动和缩放图像

摇动和缩放图像功能可以模拟相机的移动和变焦效果，使静态的图片动起来，增强画面的动感。本实例将具体介绍如何摇动和缩放图像。

素材文件：DVD\ 素材 \ 第 3 章 \ 例 027

视频文件：DVD\ 视频 \ 第 3 章 \ 例 027.mp4

**01** 添加素材到视频轨中，设置区间为 10 秒，如下图所示。

**02** 选中"照片"选项卡中的"摇动和缩放"按钮，单击"自定义"按钮，如下图所示。

**03** 在"摇动和缩放"对话框中设置"缩放率"参数为 170，在"停靠"选项组单击左侧中间的按钮，如下图所示。

**04** 拖动时间滑块到 5 秒的位置，单击"添加关键帧"按钮插入一个关键帧。设置"缩放率"参数为 170，调整中心点的位置，如下图所示。

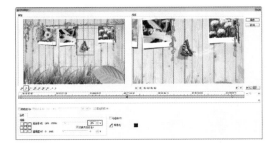

**05** 选中最后一个关键帧，设置"缩放率"参数为 112，并调整中心点位置。

**06** 单击导览面板中的"播放"按钮，预览最终效果，如下图所示。

# 028

## 黄色标记剪辑视频

会声会影最大的功能就是可以对素材进行随意剪辑，然后对剪辑的素材片段进行编辑。本实例将具体介绍如何运用黄色标记剪辑视频。

 素材文件：DVD\ 素材 \ 第 3 章 \ 例 028

 视频文件：DVD\ 视频 \ 第 3 章 \ 例 028.mp4

**01** 在视频轨中添加素材，将鼠标移至素材的起始位置，鼠标呈双向箭头形状时，单击鼠标左键并向右拖动，如下图所示。

**02** 将其拖至合适位置后释放鼠标左键，即可标记素材的起始点，如下图所示。

**03** 用同样方法，将鼠标移至视频素材末端位置，单击鼠标左键并向左拖动，如下图所示。

**04** 将其拖到合适位置后释放鼠标左键，即可标记素材的结束点，如下图所示。这便将需要的视频片段剪辑出来了，单击导览面板中"播放"按钮，预览最终效果。

# 029

## 修剪栏剪辑视频

导览面板的修建栏可以快速剪辑视频。本实例将具体介绍如何使用修剪栏剪辑视频。

 素材文件：DVD\ 素材 \ 第 3 章 \ 例 029

 视频文件：DVD\ 视频 \ 第 3 章 \ 例 029.mp4

**01** 进入会声会影 X9，在视频轨中插入一段视频素材，如下图所示。

**02** 将鼠标移动到修剪栏的起始修整柄上，单击鼠标左键并向右拖动，至合适的位置释放鼠标左键，即可标记开始点，如下图所示。

**03** 用同样的方法，将鼠标移动至修剪栏的结束修整拖柄上，单击鼠标左键并向左拖动，至合适的位置释放鼠标左键，即可标记结束点，如下图所示。

**04** 单击导览面板中的"播放"按钮，即可预览剪辑后的视频效果，如下图所示。

 提示：素材文件被修整后，若想恢复到原始状态，将修整标记拖回原来的开始和结束处即可

# 030

## 时间轴剪辑视频

会声会影拥有强大的视频编辑功能，可以对素材进行随意剪辑，本实例将具体介绍如何使用时间轴剪辑视频。

 素材文件：DVD\ 素材 \ 第 3 章 \ 例 030

 视频文件：DVD\ 视频 \ 第 3 章 \ 例 030.mp4

01 在视频轨中插入一段视频素材，移动鼠标至时间轴上方的滑块上，鼠标呈双向箭头形状，如下图所示。

02 单击鼠标左键并向右拖动，至合适的位置释放鼠标，单击导览面板的"开始标记"按钮，如下图所示。

03 时间轴上方会出现一条橘红色线，标记视频开始位置，如下图所示。

04 用同样的方法，设置视频结束位置，如下图所示。单击导览面板中的"播放"按钮，预览最终效果。

# 031

## 通过按钮剪辑视频

通过导览面板中的"按照飞梭栏的位置分割素材"按钮可将素材进行剪辑。本实例将具体介绍如何通过按钮剪辑视频。

 素材文件：DVD\ 素材 \ 第 3 章 \ 例 031

 视频文件：DVD\ 视频 \ 第 3 章 \ 例 031.mp4

01 在视频轨中插入一段视频文件，如下图所示。

02 在导览面板中，拖动"滑轨"至合适的位置，单击"根据滑轨位置分割素材"按钮标记素材起始位置，如下图所示。

**03** 用同样的方法，设置素材结束点位置，如下图所示。

**04** 执行操作后，在故事板视图中可以看到素材被分割为了三部分，如下图所示。单击导览面板中的"播放"按钮，预览最终效果。

# 032

## 按场景分割素材

利用按场景分割功能可以将不同场景下拍摄的视频捕获成不同的文件。本实例将具体介绍如何按场景分割素材。

 素材文件：DVD\ 素材 \ 第 3 章 \ 例 032

 视频文件：DVD\ 视频 \ 第 3 章 \ 例 032.mp4

**01** 在视频轨中插入一段视频文件，如下图所示。

**02** 展开"选项"面板，单击"按场景分割"按钮，如下图所示。

**03** 弹出"场景"对话框，在该对话框中单击"选项"按钮，如下图所示。

**04** 在打开的对话框中设置"敏感度"参数为 50，单击"确定"按钮，如下图所示。

**05** 单击"扫描"按钮，根据视频中的场景变化进行扫描，扫描结束后会按照编号显示出段落，如下图所示。

**06** 单击"确定"按钮，视频轨中的视频素材就已经按照场景进行分割了，如下图所示。单击导览面板中的"播放"按钮，预览最终效果。

# 033

# 多重修整视频

　　当用户需要从一段视频中间一次性修整出多段片段时，可以使用"多重修整视频"功能实现。本实例将具体介绍如何使用多重修整视频。

 素材文件：DVD\ 素材 \ 第 3 章 \ 例 033

 视频文件：DVD\ 视频 \ 第 3 章 \ 例 033.mp4

**01** 进入会声会影 X9，在故事版视图中添加视频文件，如下图所示。

**02** 展开"选项"面板，单击"多重修整视频"按钮，如下图所示。

**03** 执行操作后即可弹出"多重修整视频"对话框。在"多重修整视频"对话框中，拖动擦洗器，单击"开始标记"按钮设置起始标记位置，如下图所示。

**04** 单击预览窗口下方"播放"按钮，查看视频素材，在合适位置后单击"暂停"按钮，如下图所示。

**05** 在对话框右侧单击"结束标记"按钮，确定视频的终点位置，如下图所示。单击"确定"按钮完成多重修整操作。

**06** 返回会声会影 X9，在故事板视图中即可看到已修剪的视频片段，如下图所示。单击导览面板中的"播放"按钮，预览最终效果。

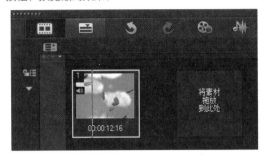

# 034

## 素材变形

在会声会影中，可以对素材进行变形，本实例将介绍素材的变形操作。

 素材文件：DVD\ 素材 \ 第 3 章 \ 例 034

 视频文件：DVD\ 视频 \ 第 3 章 \ 例 034.mp4

**01** 进入会声会影 X9，在视频轨中插入一张素材图像（DVD\ 素材 \ 第 3 章 \ 例 034），如下图所示。

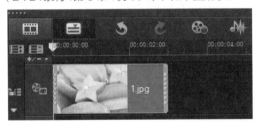

**02** 选择素材，展开"选项"面板，在"属性"选项卡中勾选"变形素材"复选框，如下图所示。

**03** 在预览窗口在中，单击鼠标右键，执行【调整到屏幕大小】命令，如下图所示。

**04** 再次单击鼠标右键，执行【保持宽高比】命令，如下图所示。单击"播放"按钮▶，预览最终效果。

 提示：为了更准确的变形素材，可以单击导览面板中的"扩大"按钮，把预览窗口最大化，然后编辑素材。

# 035

## 图像色彩调整

用户对图像色彩不满意时，可以对其进行调整，得到自己想要的效果。本实例将介绍如何对图像色彩调整。

　素材文件：DVD\ 素材 \ 第 3 章 \ 例 035

　视频文件：DVD\ 视频 \ 第 3 章 \ 例 035.mp4

01 进入会声会影 X9，在视频轨中添加一张素材图像，如下图所示。

02 展开"选项"面板，单击"色彩校正"按钮，如下图所示。

03 在弹出的面板中，调节"色调"为 12，如下图所示。

04 完成操作后，在预览窗口中可看到更改图像色调的素材效果，如下图所示。

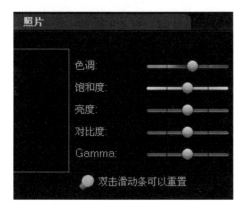

提示：通过调整色调能调整画面的颜色，饱和度能调整图像的色彩浓度，亮度能调整图像的明暗，对比度能调整图像的明暗对比，Gamma 能调整图像的明暗平衡。

# 036

## 回放视频

我们经常在电影中看到打碎的镜子复原或泼出去的水收回来的效果，在会声会影也能轻松地制作出这种效果，本实例将具体介绍回放视频的制作方法。

 素材文件：DVD\素材\第3章\实例036

 视频文件：DVD\视频\第3章\实例036.mp4

01 进入会声会影 X9，在视频轨中插入一段视频素材，如下图所示。

02 在视频素材上单击鼠标右键，执行【复制】命令，如下图所示。

03 当鼠标变成一个小手形状时，在视频素材后单击鼠标，即可粘贴视频，如下图所示。

04 打开"选项"面板，选中"反转视频"复选框，如下图所示。单击导览面板中的"播放"按钮预览最终效果。

# 037

## 快动作播放

在电影镜头中，经常会看到人来人往的快动作播放效果，本实例用会声会影来制作出这种效果。

 素材文件：DVD\素材\第3章\例037

 视频文件：DVD\视频\第3章\例037.mp4

**01** 进入会声会影 X9，在视频轨中插入一段视频素材（篮球落地 .mp4），如下图所示。

**02** 单击鼠标右键，执行【复制】命令，将光标放置到视频素材的后方，然后单击鼠标即可粘贴素材，如下图所示。

**03** 打开"选项"面板，单击"速度 / 时间流逝"按钮，如下图所示。

**04** 进入"速度 / 时间流逝"对话框，设置"速度"参数为 300，如下图所示，然后单击"确定"按钮完成设置。单击导览面板中的"播放"按钮预览最终效果。

 提示："速度 / 时间流逝"功能在加快视频动作的应用上不仅可以调整速度，还可以根据自己需要进行帧速率的调整

# 038

## 人物慢动作

电影中打斗的场面多会用到慢动作效果，本实例中我们用会声会影将一段跑酷视频制作出慢动作效果。

 素材文件：DVD\ 素材 \ 第 3 章 \ 例 038

视频文件：DVD\ 视频 \ 第 3 章 \ 例 038.mp4

**01** 进入会声会影 X9，在视频轨中插入一段视频素材（031.mpg），如下图所示。

**02** 单击鼠标右键，执行【复制】命令，将光标放置到视频素材的后方，然后单击鼠标即可粘贴素材，如下图所示。

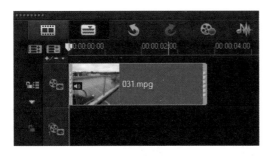

**03** 打开"选项"面板，单击"速度／时间流逝"按钮，如下图所示。

**04** 进入"速度／时间流逝"对话框，设置"速度"参数为 40，如下图所示，然后单击"确定"按钮完成设置。在预览窗口中可以预览视频效果。

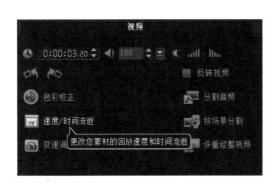

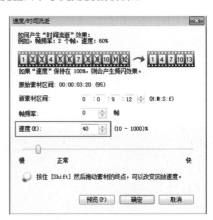

# 039

## 变频调速

变频调速功能可以实时地调节视频各时段播放速度，制作读者想要的视频效果。

 素材文件：DVD\ 素材 \ 第 3 章 \ 例 039　　 视频文件：DVD\ 视频 \ 第 3 章 \ 例 039.mp4

**01** 进入会声会影 X9 编辑界面，在视频轨中添加视频素材（00279.MTS），如下图所示。

**02** 单击"选项"按钮，进入选项面板，单击"变速调节"按钮，如下图所示。

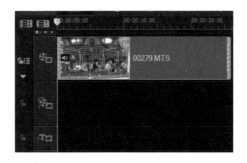

**03** 弹出"变速"对话框，将滑块拖至 1 秒处，单击"添加关键帧"按钮 ，设置"速度"参数为 200，如下图所示。

**04** 将滑块拖至 10 秒处，添加关键帧并设置速度为 400。单击"确定"按钮完成设置，在预览窗口中预览视频效果，如下图所示。

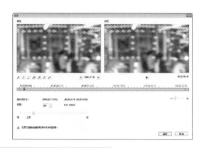

# 040

## 智能包输出

智能包输出功能很人性化，能将素材及项目文件同时输出到一个文件夹或一个压缩包中，方便了日后的查看与使用。本实例介绍了如何使用智能包输出文件。

素材文件：DVD\ 素材 \ 第 3 章 \ 例 040

视频文件：DVD\ 视频 \ 第 3 章 \ 例 040.mp4

**01** 进入会声会影 X9，在视频轨中插入一段视频素材（铃铛 .wmv），如下图所示。

**02** 执行【文件】|【智能包】命令，如下图所示。然后在弹出的对话框中单击"是"按钮。

**03** 弹出"另存为"对话框，设置智能包保存路径并输入文件名，如下图所示。然后单击"保存"按钮。

**04** 弹出"智能包"对话框，在"智能包"对话框中单击按钮 ，选择项目文件夹保存路径，如下图所示。单击"确定"按钮完成设置。

**05** 在保存路径中可以看到，除了保存的项目文件外，项目中所有素材也会被复制到同一个文件夹中。至此，智能包输出完成。

提示：系统默认智能包输出的文件为文件夹，需要将视频文件输出为压缩文件时，只需在弹出的智能包对话框中单击"压缩文件"单选按钮即可。

# 041

## 视频定格

视频定格是会声会影 X9 的新增功能，该功能可以将精彩的瞬间定格。

素材文件：DVD\ 素材 \ 第 3 章 \ 例 041

视频文件：DVD\ 视频 \ 第 3 章 \ 例 041.mp4

**01** 进入会声会影 X9，在视频轨中添加视频素材，如下图所示。

**02** 选择素材，将滑块移动至需要定格的位置，单击鼠标右键，执行【定格帧】命令，如下图所示。

**03** 弹出对话框，设置定格的时长，如下图所示。

**04** 单击"确定"按钮后视频轨中的原素材被分割为三部分，中间部分为设置定格的区域，如下图所示。

提示：执行【编辑】|【定格】命令也可打开"定格"对话框。

# 042

## 动态追踪

我们在看电视时，常常会看到不愿意露脸的人物或是未赞助的商标被打上马赛克，还有就是快速运动中的物体被打上标记，方便观众观看，这就是运用了运动追踪这一特效。

 素材文件：DVD\ 素材 \ 第 3 章 \ 例 042

 视频文件：DVD\ 视频 \ 第 3 章 \ 例 042.mp4

01 进入会声会影 X9，在视频轨中添加视频素材，如下图所示。

02 选择素材，单击时间轴上方的"运动追踪"按钮，如下图所示。

03 打开"运动追踪"对话框，如下图所示。

04 选择红色的跟踪器 ⊕，将其拖动到需要跟踪的区域，如下图所示。

05 在跟踪器类型中单击"按区域设置跟踪"按钮 ；单击"应用 / 隐藏马赛克"按钮 ，并单击右侧的三角按钮，在展开的列表中选择圆形；调整马赛克大小，如下图所示。

06 在上方的预览窗口中调整圆的大小，单击"运动追踪"按钮，如下图所示。

07 此时，系统开始追踪并建立跟踪路径，当需要重新设置则单击"重置为默认设置"按钮，如下图所示。

08 重新追踪，到合适的位置单击■按钮停止追踪。单击"添加新的跟踪器"按钮，新建跟踪器，如下图所示，然后再次追踪。

09 追踪完成后，单击"确定"按钮。在预览窗口中预览效果。

# 第 4 章

## 应用视频滤镜

我们常在电影电视中看到各种各样的视频后期效果，会声会影的视频滤镜具备模拟制作各种特殊效果的功能，在本章中将具体介绍视频滤镜的应用。

◆ 自定义滤镜属性

◆ 雨点滤镜——细雨柔荷

◆ 气泡滤镜——魔幻泡泡

◆ 修剪滤镜——花纹生长

◆ 画中画滤镜——孤帆远影

# 043

## 自定义滤镜属性

在会声会影中，用户可以根据需要对滤镜效果进行自定义设置。本实例中将具体介绍如何使用自定义滤镜属性。

 素材文件：DVD\ 素材 \ 第 4 章 \ 例 043

 视频文件：DVD\ 视频 \ 第 4 章 \ 例 043.mp4

01 在会声会影 X9 中将素材添加到故事板视图中，如下图所示。

02 单击"滤镜"按钮，在"NewBlue 样品效果"中选择"水彩"滤镜，如下图所示。

03 将其拖动到素材上。进入选项面板，单击"自定义滤镜"按钮，如下图所示。

04 在弹出的对话框中，将滑块拖至第一帧，选择"流动的漆"效果，如下图所示。

05 单击"确定"按钮。在预览窗口中查看自定义滤镜属性后的效果，如下图所示。

# 044

## 雨点滤镜——细雨柔荷

雨点滤镜能模拟雨天的环境。本实例中将具体介绍雨点滤镜制作雨景的应用。

 素材文件：DVD\ 素材 \ 第 4 章 \ 例 044

 视频文件：DVD\ 视频 \ 第 4 章 \ 例 044.mp4

01 进入会声会影 X9，在故事板视图中插入一张素材图片，如下图所示。

02 在"特殊"滤镜素材库中，选择"雨点"滤镜效果，如下图所示，将其拖动到故事板中的素材图像上。

03 展开选项面板，单击"自定义滤镜"按钮，弹出对话框，设置"密度"参数为 1000，"长度"参数为 17，如下图所示。

04 单击"确定"按钮完成设置。单击导览面板中的"播放"按钮，即可预览添加雨点滤镜的效果，如下图所示。

# 045

## 雨点滤镜——雪花飞扬

雨点滤镜不但可以制作下雨的效果，也可以制作下雪的效果。本实例中将具体介绍雨点滤镜制作雪花飞扬的应用。

 素材文件：DVD\ 素材 \ 第 4 章 \ 例 045

 视频文件：DVD\ 视频 \ 第 4 章 \ 例 045.mp4

**01** 在故事板视图中插入一张素材图片，如下图所示。

**02** 在"特殊"滤镜素材库中，选择"雨点"滤镜效果，如下图所示，将其拖动到故事板中的素材图像上。

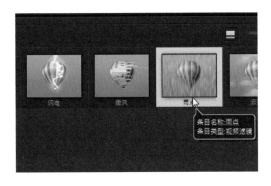

**03** 展开选项面板，单击"自定义滤镜"按钮，弹出"雨点"对话框，设置"密度"参数为500，"长度"参数为4，"宽度"参数为30，"背景模糊"参数为20，如下图所示。

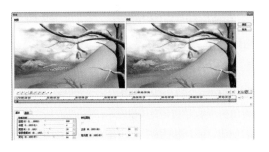

**04** 设置"变化"参数为20，"主体"参数为0，"阻光度"参数为50，如下图所示。

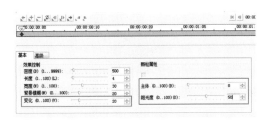

**05** 进入"高级"选项卡，设置"速度"参数为50，"湍流"参数为5，如下图所示。

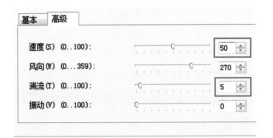

**06** 选中第2个关键帧，设置"密度"参数为1000，"长度"参数为4，"宽度"参数为30，"背景模糊"参数为20，"变化"参数为20，"主体"参数为0，"阻光度"参数为50，如下图所示。

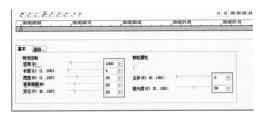

**07** 单击"确定"按钮完成设置。单击导览面板中的"播放"按钮，预览雨点滤镜制作雪花飞扬的效果，如右图所示。

# 046

## 气泡滤镜——魔幻泡泡

气泡滤镜可以模拟气泡冒出的效果。本实例中将具体介绍气泡滤镜的应用。

 素材文件：DVD\ 素材 \ 第 4 章 \ 例 046

 视频文件：DVD\ 视频 \ 第 4 章 \ 例 046.mp4

**01** 添加一张图片到故事板中，效果图如下图所示。

**02** 在"特殊"滤镜素材库中，选择"气泡"滤镜，如下图所示。将其拖动到素材图像上。

**03** 展开选项面板，单击"自定义滤镜"左侧的倒三角按钮，在弹出的对话框中选择第 2 个的预设效果，如下图所示。

**04** 单击导览面板中的"播放"按钮，预览添加气泡滤镜效果，如下图所示。

# 047

## 镜头闪光滤镜 —— 镜头光晕

镜头闪光滤镜可以制作出物理光斑和光晕的效果。本实例中将具体介绍镜头光晕滤镜的应用。

 素材文件：DVD\ 素材 \ 第 4 章 \ 例 047

 视频文件：DVD\ 视频 \ 第 4 章 \ 例 047.mp4

01 添加一张图片到故事板中，效果如下图所示。

02 在"相机镜头"滤镜素材库中，选择"镜头闪光"滤镜，如下图所示。将其拖动到故事面板中的素材图像上。

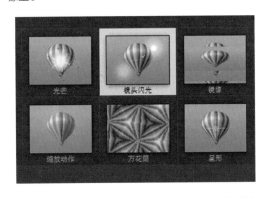

03 展开选项面板，单击"自定义滤镜"左侧的倒三角按钮，在弹出的对话框中选择第 6 个滤镜预设效果，如下图所示。

04 单击导览面板中的"播放"按钮，预览添加"镜头光晕"滤镜效果，如下图所示。

# 048

## 局部马赛克滤镜 —— 马赛克效果

局部马赛克滤镜能制造部分图像的马赛克效果。本实例中将具体介绍像素器滤镜的应用。

 素材文件：DVD\ 素材 \ 第 4 章 \ 例 048

 视频文件：DVD\ 视频 \ 第 4 章 \ 例 048.mp4

01 在故事板视图中添加视频素材，效果如下图所示。

02 单击"滤镜"按钮，在"NewBlue 视频精选 I"类别中选择"局部马赛克"滤镜，如下图所示，将其添加到素材上。

**03** 进入选项面板，单击"自定义滤镜"按钮。弹出对话框，将滑块拖至第 1 帧，调整滑块的位置，并设置相应参数，如下图所示。

**04** 将滑块拖至最后 1 帧，调整到相应的位置，并设置参数，如下图所示。单击"确定"按钮完成设置。

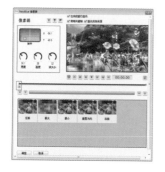

**05** 在预览窗口中播放素材，预览添加局部马赛克滤镜的前后对比效果，如下图所示。

# 049

## 光线滤镜——牛奶爱心

光线滤镜可以制作出探照灯的效果。本实例中将具体介绍光线滤镜的应用。

素材文件：DVD\ 素材 \ 第 4 章 \ 例 049

视频文件：DVD\ 视频 \ 第 4 章 \ 例 049.mp4

**01** 进入会声会影 X9，添加一张图片到故事板视图中，如下图所示。

**02** 在"暗房"滤镜素材库中，选择"光线"滤镜，如下图所示。将其拖动到素材图像上。

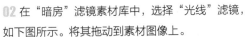
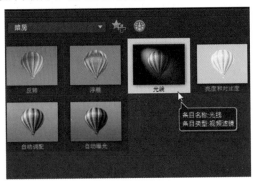

**03** 展开选项面板，单击"自定义滤镜"按钮左侧的倒三角按钮，选择第 4 个预设效果，如下图所示。

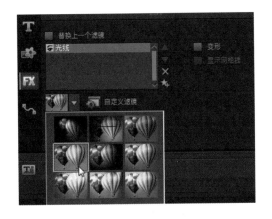

**04** 单击导览面板中的"播放"按钮，预览添加"光线"滤镜效果，如下图所示。

# 050

## 修剪滤镜 —— 花纹生长

裁剪滤镜可以将素材修剪。本实例中将介绍修剪滤镜制作花纹生长的效果。

| | |
|---|---|
| 素材文件：DVD\ 素材 \ 第 4 章 \ 例 050 | |
| 视频文件：DVD\ 视频 \ 第 4 章 \ 例 050.mp4 | |

**01** 启动会声会影 X9，在视频轨中添加视频素材，如下图所示。

**02** 在覆叠轨 1 中添加素材（2.png）并调整到合适的区间，如下图所示。

**03** 在预览窗口中调整覆叠素材的大小及位置，如下图所示。

**04** 单击"滤镜"按钮，在"二维映射"素材库中选择"修剪"滤镜，如下图所示。

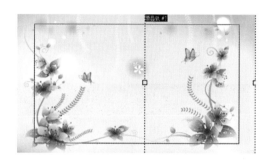

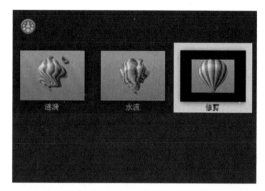

**05** 将其添加到素材上。进入选项面板，单击"自定义滤镜"按钮，如下图所示。

**06** 在弹出的对话框中设置第 1 帧的参数，并调整控制点到左下方的位置，如下图所示。

**07** 将滑块拖至合适的位置，创建新的关键帧，并设置参数，如下图所示。

**08** 单击"确定"按钮完成设置。在预览窗口中预览效果，如下图所示。

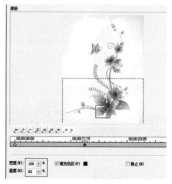

# 051

## 画中画滤镜——孤帆远影

画中画滤镜是一个很实用的滤镜，它的用法是多种多样的，可以让画面表现多姿多彩。本实例中将具体介绍画中画滤镜的应用。

素材文件：DVD\ 素材 \ 第 4 章 \ 例 051

视频文件：DVD\ 视频 \ 第 4 章 \ 例 051.mp4

**01** 在会声会影 X9 故事板视图中，添加素材，如下图所示。

**02** 单击"滤镜"按钮，在"NewBlue 视频精选 2"素材库中选择"画中画"滤镜，如下图所示。并将其拖动到故事板中的素材上。

**03** 进入选项面板，单击"自定义滤镜"按钮，弹出对话框，将滑块拖至第 1 帧，选择"门垫"效果，如下图所示。

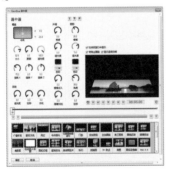

**04** 将滑块拖动至第 2 个关键帧，选择"Web 2.0"效果，如下图所示。

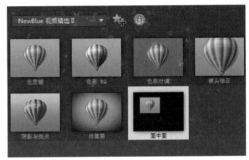

**05** 单击"确定"按钮。在预览窗口中播放素材，查看应用"画中画"滤镜的效果。

# 第5章

## 应用转场效果

在编辑素材时，为使两个素材间的过渡自然流畅，需要用到会声会影中的转场功能，本章将具体介绍转场效果的应用。

◆ 自动添加转场

◆ 各种常用转场效果的应用

# 052

## 自动添加转场

转场是在两个素材之间创建某种过渡效果，合理地运用转场效果可以增加影片的流畅性。下面将学习自动添加转场的操作方法。

 素材文件: DVD\素材\第5章\例052

 视频文件: DVD\视频\第5章\例052.mp4

**01** 进入会声会影编辑器，执行【设置】|【参数选择】命令，如下图所示。

**02** 执行操作后，弹出"参数选择"对话框，切换至"编辑"选项卡，选中"自动添加转场效果"复选框，如下图所示。然后单击"确定"按钮完成设置。

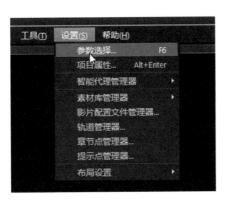

**03** 在故事板中插入两张素材图片（049A、049B.jpg），程序自动添加转场效果，如下图所示。

**04** 单击导览窗口的"播放"按钮，即可预览自动添加后的转场效果，如下图所示。

提示：自动添加的转场效果可以是随机的，也可以自动设置某种转场效果。在"默认转场效果"下拉列表中选择自己所需的转场即可。

# 053

## 收藏转场

将常用的转场效果整理收藏，可以为后面的影片制作提供方便。下面将学习收藏转场的操作方法。

视频文件：DVD\ 视频 \ 第 5 章 \ 例 053.mp4

**01** 启动会声会影 X9，单击"转场"按钮，进入"转场"素材库，如下图所示。

**02** 在"画廊"的下拉列表中选择"擦拭"选项，如下图所示。

**03** 选择"百叶窗"转场，单击鼠标右键，执行【添加到收藏夹】命令，如下图所示。

**04** 在"画廊"的下拉列表中选择"收藏夹"选项，在"收藏夹"素材库中显示添加了的转场效果，如下图所示。

 提示：选择转场效果后，单击素材库上方的"添加到收藏夹"按钮，也可将转场添加到收藏夹中。

# 054

## 应用随机效果

在会声会影 X9 中，对视频轨中的素材才能应用随机转场效果，下面将学习对视频轨应用随机转场效果。

素材文件：DVD\ 素材 \ 第 5 章 \ 例 054

视频文件：DVD\ 视频 \ 第 5 章 \ 例 054.mp4

**03** 在故事板中插入两张素材图片（049A、049B.jpg），程序自动添加转场效果，如下图所示。

**04** 单击导览窗口的"播放"按钮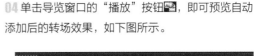，即可预览自动添加后的转场效果，如下图所示。

**03** 在故事板中插入两张素材图片（049A、049B.jpg），程序自动添加转场效果，如下图所示。

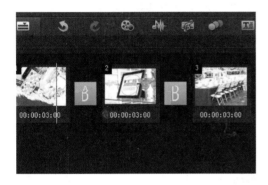

**04** 单击导览窗口的"播放"按钮，即可预览自动添加后的转场效果，如下图所示。

 提示：在会声会影中，拖动素材使之与前一个素材部分重叠，那么重叠的部分将自动添加随机转场效果

# 055

## 应用当前效果

　　在会声会影 X9 中，对视频轨中的素材才能应用当前效果，下面将学习如何对视频轨应用当前效果。

 素材文件：DVD\素材\第 5 章\例 055

 视频文件：DVD\视频\第 5 章\例 055.mp4

**01** 在会声会影故事板中添加素材图像，如下图所示。

**02** 单击"转场"按钮，进入"时钟"类别，选择"扭曲"转场，如下图所示。

**03** 单击素材库上方的"对视频轨应用当前效果"按钮，如下图所示。

**04** 视频轨中的素材之间全部添加"扭曲"转场，如下图所示。

**05** 在预览窗口中预览应用当前转场的效果，如下图所示。

# 056

## 设置转场方向

　　会声会影转场的属性面板会根据不同的转场而有所改变，并不是所有转场都可以设置其方向，本小节将以"清除"转场为例讲解转场方向的设置。

素材文件：DVD\ 素材 \ 第 5 章 \ 例 056

视频文件：DVD\ 视频 \ 第 5 章 \ 例 056.mp4

01 在会声会影 X9 工作界面中，执行【设置】|【参数选择】命令，如下图所示。

02 弹出对话框，切换至"编辑"选项卡，在"图像重新采样"中选择"保持宽高比（无字母框）"选项，如下图所示。单击"确定"按钮。

03 在故事板视图中添加素材图像（DVD\ 素材 \ 第 5 章 \ 例 053 ），如下图所示。将"覆盖转场"素材库中的"清除"转场拖动到素材之间。

04 单击导览面板中的"播放"按钮，预览转场默认效果。进入选项面板，在方向选项组中选择"逆时针"，如下图所示。

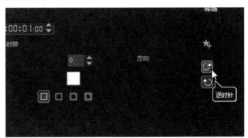

05 在预览窗口中预览修改转场方向后的效果，如下图所示。

# 057

## 设置转场边框及颜色

部分转场可以遮罩边框及颜色，以突出显示转场效果。本实例将学习转场边框及颜色的设置。

素材文件：DVD\ 素材 \ 第 5 章 \ 例 057

视频文件：DVD\ 视频 \ 第 5 章 \ 例 057.mp4

01 在会声会影 X9 故事板中添加素材图像，如下图所示。

02 单击"转场"按钮，将"圆形－擦拭"转场拖动到素材之间，如下图所示。

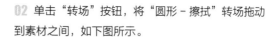

03 单击导览面板中的"播放"按钮，预览默认转场效果，如下图所示。

04 单击"选项"按钮，进入选项面板，设置边框参数为 1，颜色为黄色，如下图所示。

05 在预览窗口中预览添加转场边框及颜色后的效果，如下图所示。

# 058

## 自定义转场属性

在会声会影 X9 中部分转场还可以自定义其属性。下面将学习自定义转场属性的操作方法。

素材文件：DVD\ 素材 \ 第 5 章 \ 例 058

视频文件：DVD\ 视频 \ 第 5 章 \ 例 058.mp4

**01** 在会声会影 X9 工作界面中，执行【设置】|【参数选择】命令，如下图所示。

**02** 弹出对话框，切换至"编辑"选项卡，在"图像重新采样"中选择"调到项目大小"选项，如下图所示。

**03** 单击"确定"按钮，在故事板视图中添加素材图像，如下图所示。

**04** 单击"转场"按钮，在"New Blue 样品转场"素材库中选择"3D 比萨饼盒"转场，如下图所示。

**05** 将其添加到素材之间，并选中素材 1 与素材 2 之间的转场，双击鼠标左键，如下图所示。

**06** 进入选项面板中，单击"自定义"按钮，如下图所示。

**07** 弹出"NewBlue 3D 比萨盒"对话框，在预设动画效果中选择"水平穿梭"效果，如下图所示。单击"确定"按钮完成设置。

**08** 在预览窗口中预览自定义转场属性的效果，如下图所示。

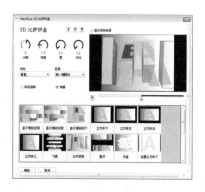

# 059

## 单向转场——歌词制作

本实例将使用"擦拭"转场素材库中的"单向"转场制作歌词渐变的效果。

素材文件：DVD\素材\第5章\例059

视频文件：DVD\视频\第5章\例059.mp4

**01** 在会声会影视频轨中插入一张素材图片，如下图所示。

**02** 单击"标题"按钮，在预览窗口中双击鼠标，输入字幕，如下图所示。

**03** 在"编辑"选项卡中设置字体为黑体，颜色为绿色，如下图所示。

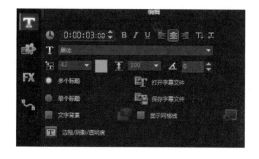

**04** 在时间轴中选中标题，将其复制粘贴到原素材后，如下图所示。在"编辑"选项卡中设置字体颜色为红色。

**05** 单击"转场"按钮,在"擦拭"转场素材库中选择"单向"转场,如下图所示。

**06** 将其添加到两个标题之间,并拖动调整转场区间,如下图所示。

**07** 单击导览面板中的"播放"按钮,即可预览转场效果,如下图所示。

# 060

## 折叠盒转场 —— 纯真童年

折叠盒转场是素材 A 以盒状折叠的方式逐渐将素材 B 显示出来,本实例中将具体介绍折叠盒转场的应用。

 素材文件:DVD\ 素材 \ 第 5 章 \ 例 060

 视频文件:DVD\ 视频 \ 第 5 章 \ 例 060.mp4

**01** 进入会声会影编辑器,在故事板中插入两张素材图片(1、2.jpg),如下图所示。依次调整素材到项目大小。

**02** 单击"转场"按钮,切换至"转场"选项卡,在"3D"素材库中选择"折叠盒"转场效果,如下图所示。将其拖动到素材 1 与素材 2 之间,如下图所示。

03 单击导览面板中的"播放"按钮，即可预览转场效果，如下图所示。

# 061

## 翻转转场 —— 婚纱相册

翻转转场是以相册翻动的形式转场，本实例中将具体介绍翻转转场的应用。

 素材文件：DVD\ 素材 \ 第 5 章 \ 例 061

 视频文件：DVD\ 视频 \ 第 5 章 \ 例 061.mp4

01 在故事板视图中添加素材，如下图所示。

02 单击"转场"按钮，在"相册"转场素材库中，选择"翻转"转场，将其添加到故事板中素材之间，如下图所示。

**03** 进入选项面板，单击"自定义"按钮，弹出"翻转 – 相册"对话框，设置大小参数为 12，在相册封面选项组中选择第 2 个封面效果，如下图所示。

**04** 切换至"背景和阴影"选项卡，在背景模板选项组中选择第 3 个背景模板，勾选"阴影"复选框，并设置阴影的参数，如下图所示。

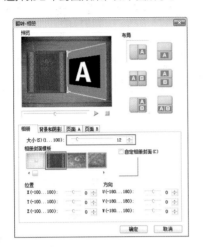
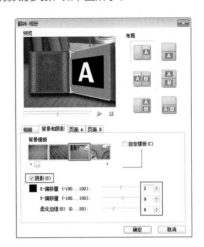

**05** 单击"确定"按钮。在预览窗口中查看应用"翻转 – 相册"转场的效果，如下图所示。

# 062

## 遮罩 C 转场——生活情调

遮罩 C 转场是素材 A 以图像或对象作为遮罩划动的形式移去逐渐显示出素材 B。本实例中将具体介绍遮罩 C 转场的应用。

素材文件：DVD\ 素材 \ 第 5 章 \ 例 062

视频文件：DVD\ 视频 \ 第 5 章 \ 例 062.mp4

**01** 进入会声会影编辑器，在故事板中插入两张素材图片，如下图所示。

**02** 单击"转场"按钮，进入"转场"素材库，选择"遮罩"类别，选择"遮罩 C"转场，如下图所示。将其拖动到故事板中两个素材之间。

03 在导览面板中单击"播放修整后的素材"按钮，即可预览最终效果，如下图所示。

# 第6章

## 应用覆叠效果

会声会影中的覆叠功能可以使编辑的影片画面更加丰富，更具观赏性。在本章中将具体介绍覆叠效果的应用。

◆ 添加覆叠对象

◆ 覆叠素材变形

◆ 遮罩覆叠

◆ 路径覆叠

◆ 覆叠转场的应用

# 063

## 添加覆叠对象 —— 俏皮松鼠

在会声会影 X9 中，用户可以在覆叠轨中添加需要的素材，制作出更有趣味的画面。

 素材文件：DVD\ 素材 \ 第 6 章 \ 例 063

 视频文件：DVD\ 视频 \ 第 6 章 \ 例 063.mp4

01 进入会声会影 X9，在视频轨中插入一张素材图像（背景 .png），并调整到项目大小，如下图所示。

02 在覆叠轨中单击鼠标右键，执行【插入照片】命令，选择一张素材图片（装饰 .PNG）添加到覆叠轨中，如下图所示。

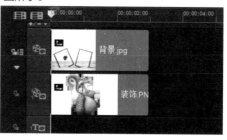

03 选择插入的素材图片，在预览窗口中调整其大小及位置，如下图所示。

04 单击"播放"按钮，预览最终效果，如下图所示。

# 064

## 覆叠素材变形 —— 晾晒幸福

当覆叠对象的大小与形状不能满足用户的要求时，可以根据需要进行对应的调整。本实例将学习如何制作覆叠素材变形效果。

 素材文件：DVD\ 素材 \ 第 6 章 \ 例 064

 视频文件：DVD\ 素材 \ 第 6 章 \ 例 064.mp4

01 进入会声会影 X9，在视频轨中插入一张素材图像（1.jpg），如下图所示，然后在选项面板将其调到项目大小。

02 在覆叠轨上单击鼠标右键，执行【插入照片】命令，添加素材图像（2.JPG），如下图所示。

03 在预览窗口在中，将鼠标放置在覆叠对象的右下角的黄色调节点上。此时鼠标变成双向箭头↖，如下图所示。

04 向左上方拖动鼠标，将边框拖至合适大小，如下图所示。释放鼠标后，对象即调整到了相应的大小。

05 将鼠标放置在素材右上角的绿色调节点上，此时鼠标呈 箭头状，拖动鼠标到合适的位置，如下图所示。释放鼠标左键即可调节右上角。

06 将鼠标放置在素材右下角的绿色调节点上，拖动鼠标到合适的位置，如下图所示。

07 用同样的方法调整其他两个节点的位置，如下图所示。

08 单击"播放"按钮，预览最终效果，如下图所示。

提示：为了更准确地变形素材，可以单击导览面板中的"扩大"按钮，把预览窗口最大化，然后再对素材进行编辑。

# 065

# 设置覆叠位置 —— 卡漫动画

覆叠素材在覆叠轨中的位置是可以进行随意调整的，本实例将学习调整覆叠素材的位置。

💿 素材文件：DVD\ 素材 \ 第 6 章 \ 例 065

🎬 视频文件：DVD\ 素材 \ 第 6 章 \ 例 065.mp4

**01** 打开项目文件，在时间轴中查看覆叠素材的位置，如下图所示。

**02** 在预览窗口中的查看素材的原始效果，如下图所示。

**03** 选中覆叠轨中的覆叠素材，单击鼠标，将其拖动至合适的位置，如下图所示。

**04** 在预览窗口中调整素材的位置，并查看其效果，如下图所示。

# 066

## 进入与退出 —— 飞过天际

在会声会影中，可以对覆叠素材进行进入与退出方向的设置。下面将学习如何设置覆叠素材的进入与退出方向。

 素材文件：DVD\素材\第6章\例066

 视频文件：DVD\素材\第6章\例066.mp4

**01** 在会声会影视频轨中添加素材并调到项目大小，如下图所示。

**02** 在覆叠轨中添加素材（DVD\素材\第6章\例068）并调整素材位置，如下图所示。

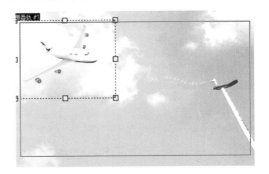

**03** 进入选项面板，在"进入"选项组中单击"从左上方进入"按钮，如下图所示。

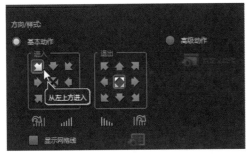

**04** 在"退出"选项组中单击"从右边退出"按钮，如下图所示。

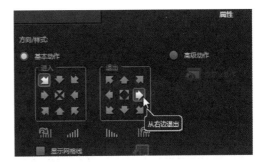

**05** 在预览窗口中播放视频，查看设置覆叠进入退出方向的视频效果，如下图所示。

# 067

## 区间旋转动画 —— 淘气小猫

为素材添加区间旋转动画后，素材会进行相应的旋转，本节将学习如何设置区间旋转动画。

 素材文件：DVD\素材\第6章\例067

 视频文件：DVD\素材\第6章\例067.mp4

01 进入会声会影X9，在视频轨中插入一张素材图像（背景.jpg），如下图所示。

02 展开"选项"面板，切换至"照片"选项卡，在"重新采样选项"中选择"调到项目大小"选项，如下图所示。

03 在覆叠轨中插入一张素材图片（2.jpg）。在预览窗口中调整素材的大小及位置，如下图所示。

04 展开"选项"面板，单击"从左上方进入"按钮，单击"暂停区间前旋转"按钮，如下图所示。

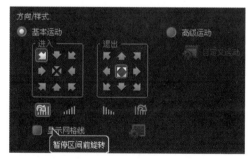

05 在导览面板中拖动擦洗器，调整素材的暂停区间，如下图所示。

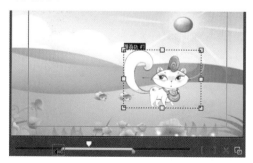

06 在导览面板中单击"播放"按钮，即可预览最终效果，如下图所示。

# 068

## 对象覆叠——趣味童年

对象覆叠是将对象素材应用到覆叠轨中，起到装饰的作用。本节将学习对象覆叠的使用。

素材文件：DVD\素材\第6章\例068

视频文件：DVD\素材\第6章\例068.mp4

**01** 启动会声会影 X9，在视频轨上插入一张素材图片，如下图所示。

**02** 单击"图形"按钮，在"画廊"的下拉列表中选择"对象"选项，如下图所示。

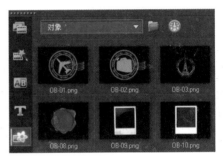

**03** 在"对象"素材库中单击右上角的"添加"按钮，如下图所示。

**04** 将对象素材添加到"对象"素材库中，选中并拖动到覆叠轨 1 中，如下图所示。

**05** 选中覆叠轨 1 中的素材，调整素材的大小及位置，如下图所示。

**06** 在预览窗口中查看应用对象覆叠的效果，如下图所示。

# 069

## 边框覆叠——创意胶片

为素材添加边框能使素材图像更突出。本实例中将具体介绍边框覆叠的应用。

 素材文件：DVD\ 素材 \ 第 6 章 \ 例 069

 视频文件：DVD\ 素材 \ 第 6 章 \ 例 069.mp4

**01** 启动会声会影 X9，在视频轨中插入一张素材图像，如下图所示。

**02** 进入 "选项" 面板，在 "重新采样选项" 的下拉列表中选择 "调到项目大小" 选项，如下图所示。

**03** 单击 "图形" 按钮，在画廊中选择 "边框" 选项，如下图所示。

**04** 在 "边框" 素材库上单击右上角的 "添加" 按钮，如下图所示。

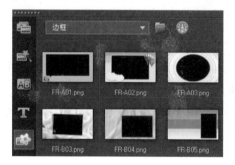

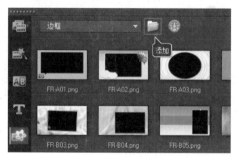

**05** 添加边框素材到素材库中，将素材库中的边框素材添加到覆叠轨中，如下图所示。

**06** 选择覆叠素材，在预览窗口单击鼠标右键，执行【调整到屏幕大小】命令，如下图所示。

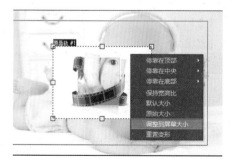

**07** 在预览窗口中查看应用边框覆叠的效果，如下图所示。

# 070

## Flash 覆叠——蝶舞花间

会声会影 X9 不仅可以添加边框覆叠，还可以增加 Flash 覆叠。本实例中将具体介绍 Flash 覆叠的应用。

素材文件：DVD\ 素材 \ 第 6 章 \ 例 070

视频文件：DVD\ 素材 \ 第 6 章 \ 例 070.mp4

**01** 在会声会影视频轨中插入一张素材图像，如下图所示，然后在选项面板将其调到项目大小。

**02** 单击"图形"按钮，在"边框"的下拉列表中选择"Flash 动画"选项，如下图所示。

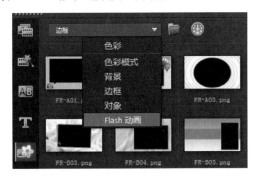

**03** 在"Flash 动画"素材库选择条目"FL-I09. swf"，如下图所示。

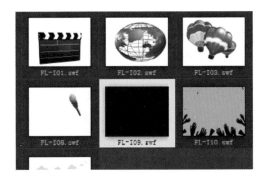

**04** 将其拖到覆叠轨 1 中，并调整视频轨素材区间，与覆叠素材区间相等，如下图所示。

**05** 单击导览面板中的"播放"按钮，查看添加 Flash 覆叠的效果，如下图所示。

# 071

## 覆叠淡入淡出——神秘热气球

对覆叠轨中的素材应用淡入淡出效果，可以使素材呈现若隐若现的效果。本实例中将介绍淡入淡出效果的应用。

素材文件：DVD\ 素材 \ 第 6 章 \ 例 071

视频文件：DVD\ 素材 \ 第 6 章 \ 例 071.mp4

**01** 启动会声会影 X9，在视频轨中添加素材，如下图所示，然后在选项面板将其调到项目大小。

**02** 单击"图形"按钮，在"画廊"的下拉列表中选择"Flash 动画"选项，并将"Flash 动画"素材库中的条目"FL-103.swf"拖到覆叠轨 1 中，调节其区间，如下图所示。

**03** 进入选项面板，单击"淡入动画效果"按钮，如下图所示。

**04** 单击"淡出动画效果"按钮，如下图所示。

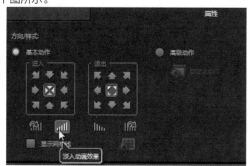 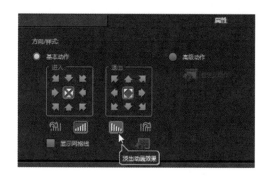

**05** 在预览窗口中播放视频，查看淡入淡出动画的效果，如下图所示。

# 072

## 透明度设置——漂流瓶

会声会影能按照需要设置覆叠素材的透明度。本实例中将具体介绍覆叠透明度设置。

素材文件：DVD\ 素材 \ 第 6 章 \ 例 072

视频文件：DVD\ 视频 \ 第 6 章 \ 例 072.mp4

**01** 进入会声会影 X9，在视频轨中插入一张素材图像（瓶子 .jpg），并将其调整到项目大小，如下图所示。

**02** 在覆叠轨中插入一张素材图片（瓶子 .jpg），如下图所示。

**03** 选择素材，在预览窗口中调整素材的大小及位置，如下图所示。

**04** 展开"选项"面板，单击"遮罩和色度键"按钮 ，如下图所示。

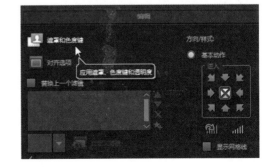

05 设置透明度参数为 30，如下图所示。

06 单击"播放"按钮，可预览最终效果，如下图所示。

# 073

## 覆叠对象边框——漂亮宝贝

覆叠轨中的素材还可以增加边框，可以根据需要调整边框的颜色、边框的大小等参数。本实例中将具体介绍覆叠对象边框的应用。

素材文件：DVD\ 素材 \ 第 6 章 \ 例 073

视频文件：DVD\ 素材 \ 第 6 章 \ 例 073.mp4

01 进入会声会影 X9，在视频轨和覆叠轨中插入一张素材图像，如下图所示。

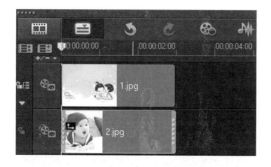

02 展开"选项"面板，单击"遮罩和色度键"按钮，如下图所示。

03 在"遮罩和色度键"面板中，设置边框参数为 2，如下图所示。

04 在预览窗口中调整素材的大小及位置，并预览最终效果，如下图所示。

# 074

## 遮罩覆叠 ——云端美女

遮罩覆叠能使素材局部透空，会声会影 X9 中提供了很多遮罩样式。本实例中将具体介绍遮罩覆叠的应用。

 素材文件：DVD\ 素材 \ 第 6 章 \ 例 074

 视频文件：DVD\ 素材 \ 第 6 章 \ 例 074.mp4

**01** 在视频轨中插入一张素材图像（背景 .jpg）并调整到项目大小，如下图所示。

**02** 在覆叠轨中添加一张素材图片（人物 .jpg），如下图所示。

**03** 展开"选项"面板，单击"遮罩和色度键"按钮，如下图所示。

**04** 在"遮罩和色度键"面板中，勾选"应用覆叠选项"复选框，在"类型"下拉列表中选择"遮罩帧"选项，如下图所示。

**05** 单击右侧的"添加遮罩项"按钮，如下图所示，在对话框中选择合适的遮罩。

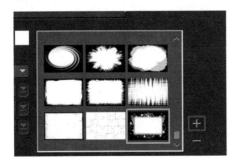

**06** 在预览窗口中调整素材的大小及位置，并预览最终效果，如下图所示。

提示：用户可以使用 PS 软件自制遮罩图像，然后将其应用到会声会影中。

# 075

## 色度键覆叠——彩蝶飞舞

通过色度键选项，去掉覆叠轨中素材多余的背景，使素材与画面融为一体。

素材文件：DVD\素材\第6章\例075

视频文件：DVD\素材\第6章\例075.mp4

**01** 进入会声会影 X9，在视频轨中插入一张素材图像（1.jpg），如下图所示。

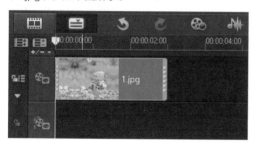

**02** 展开"选项"面板，选择"调到项目大小"选项，如下图所示。

**03** 在覆叠轨中插入一张素材图片（2.jpg），如下图所示。

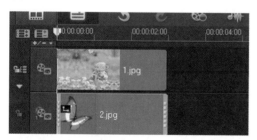

**04** 展开"选项"面板，单击"遮罩和色度键"按钮，如下图所示。

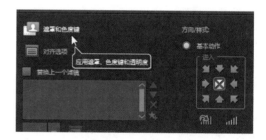

**05** 在"遮罩和色度键"面板中，勾选"应用覆叠选项"复选框，在"类型"下拉列表中选择"色度键"选项，如下图所示。

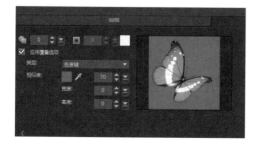

**06** 在预览窗口中调整素材的大小及位置，并预览最终效果。

# 076

## 路径覆叠——幸福婚纱

路径是会声会影中比较常用的功能之一。本实例将具体介绍路径叠加的应用。

素材文件：DVD\ 素材 \ 第 6 章 \ 例 076

视频文件：DVD\ 素材 \ 第 6 章 \ 例 076.mp4

01 进入会声会影 X9，在视频轨和覆叠轨上分别添加素材，如下图所示，将背景素材调整到屏幕大小。

02 在素材库面板中，单击"路径"按钮，进入"路径"素材库，如下图所示。

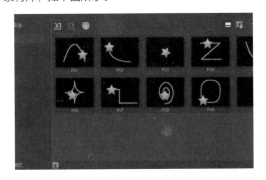

03 选择 P10，将其添加到覆叠轨的素材上。展开"选项"面板，单击"自定义动作"按钮，如下图所示。

04 在弹出的对话框中，设置每一个关键帧的边框颜色为白色，大小为 2，如下图所示。

05 单击"确定"按钮完成设置。在预览窗口中预览路径覆叠的效果，如下图所示。

提示：在"自定义路径"对话框中单击"保存至"按钮，即可将当前自定义的路径运动保存至路径面板的自定义路径类别中

# 077

## 色度键覆叠——彩蝶飞舞

会声会影 X9 提供了 20 个覆叠轨，增强了画面叠加的效果。本实例中将具体介绍多轨叠加的应用。

素材文件：DVD\ 素材 \ 第 6 章 \ 例 077

视频文件：DVD\ 素材 \ 第 6 章 \ 例 077.mp4

**01** 在会声会影视频轨中插入一张素材图片（樱桃 .jpg），并调整到项目大小，如下图所示。

**02** 在时间轴中单击鼠标右键，执行【轨道管理器】命令，如下图所示。

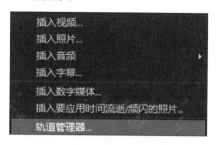

**03** 弹出"轨道管理器"对话框，设置覆叠轨为 4，如下图所示。

**04** 单击"确定"按钮，时间轴中即新增了 3 个覆叠轨道，如下图所示。

**05** 在覆叠轨 1 中添加素材图片（叶子 .png），并在预览窗口中单击鼠标右键，执行【调整到屏幕大小】命令，如下图所示。

**06** 在覆叠轨 2 中添加素材图片（表情 1.jpg），并调整大小和位置，如下图所示。

07 在覆叠轨 3 中添加素材图片（表情 2.png），并调整大小和位置，如下图所示。

08 在覆叠轨 4 中添加素材图片（蝴蝶 .png），并调整大小和位置，预览最终效果，如下图所示。

# 078

## 覆叠滤镜应用——云上芭蕾

覆叠轨中的素材也能应用滤镜。本实例中将介绍覆叠滤镜的应用。

素材文件：DVD\素材\第 6 章\例 078

视频文件：DVD\素材\第 6 章\例 078.mp4

01 进入会声会影 X9，在视频轨中插入一张素材图像（1.jpg），如下图所示。

02 展开"选项"面板，在"重新采样选项"中选择"调到项目大小"选项，如下图所示。

03 单击"滤镜"按钮，打开"滤镜"素材库，选择"特殊"中的"云彩"滤镜并拖动到视频轨中的素材上，如下图所示。

04 在覆叠轨中插入素材图片（2.jpg），并添加"云彩"滤镜，如下图所示。

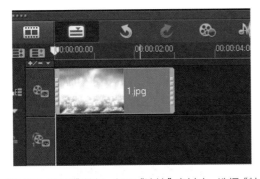

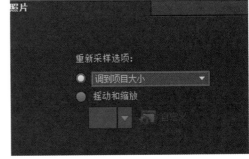

**05** 选中覆叠轨中的素材，在预览窗口中调整素材大小及位置，如下图所示。

**06** 展开选项面板，单击"遮罩和色度键"按钮，设置"透明度"参数为 50，如下图所示。

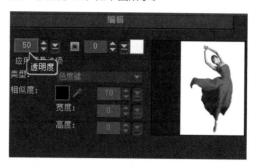

**07** 选中"应用覆叠选项"复选框，设置"相似度"参数为 13，如下图所示。

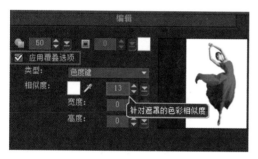

**08** 关闭"遮罩和色度键"对话框，在"方向/样式"选项组中单击"从上方进入"按钮，如下图所示。

**09** 单击"淡入动画效果"和"淡出动画效果"按钮，如下图所示。

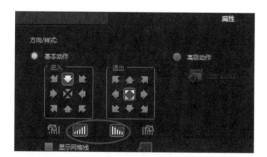

**10** 单击导览面板的"播放"按钮，即可预览最终效果，如下图所示。

# 079

## 复制覆叠属性 —— 闪亮登场

在会声会影 X9 中，用户可通过复制覆叠轨属性快速编辑相同的覆叠素材。

素材文件：DVD\ 素材 \ 第 6 章 \ 例 079

视频文件：DVD\ 素材 \ 第 6 章 \ 例 079.mp4

01 在视频轨中添加素材图片如下图所示。

02 展开"选项"面板，在"重新采样选项"下拉列表中选择"调到项目大小"选项，如下图所示，并调整区间为 6 秒。

03 在覆叠轨中插入两张素材图片（1png、0.png），如下图所示。

04 选择覆叠轨中的"素材 1"，在预览窗口中调整其大小和位置，如下图所示。

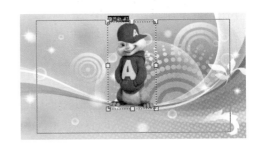

05 在时间轴中选择覆叠轨中的"素材 1"，单击鼠标右键，执行【复制属性】命令，如下图所示。

06 选择覆叠轨中的"素材 2"，单击鼠标右键，执行【粘贴所有属性】命令，如下图所示。

07 单击导览面板的"播放"按钮，预览最终效果，如下图所示。

# 080

## 覆叠绘图器 —— 精彩书法

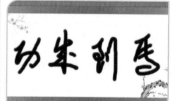

使用绘图编辑器可以绘制图形、手绘涂鸦，并将绘制的图形转换为静态图像或动态视频效果，并覆叠在覆叠轨道上。

 素材文件：DVD\素材\第 6 章\例 080

 视频文件：DVD\素材\第 6 章\例 080.mp4

**01** 进入会声会影 X9，执行【工具】|【绘图创建器】命令，如下图所示。

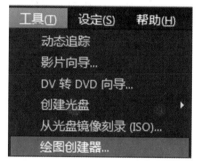

**02** 弹出"绘图创建器"对话框，单击"背景图像选项"按钮，如下图所示。

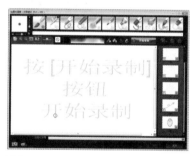

**03** 打开"背景图像选项"对话框。选中"自定图像"单选按钮，在弹出的媒体路径中选择图像素材（马到成功 .jpg），然后单击"确定"按钮，如下图所示。

**04** 执行操作后，单击"开始录制"按钮后在画布上根据比划顺序书写文字，绘制完成后单击"停止录制"按钮，如下图所示。

**05** 单击"更改选择的画廊区间"按钮，设置"区间"参数为 9 秒，如下图所示。单击"确定"按钮将其添加到素材库中。

**06** 返回会声会影 X9，插入素材图片到视频轨中（2.jpg），如下图所示。

**07** 展开"选项"面板，设置"区间"参数为 10 秒，选择"重新采样选项"为"调到项目大小"，如下图所示。

**08** 在素材库中将绘图创建器制作的动态素材拖动到覆叠轨中 1 秒的位置，如下图所示。

**09** 调整动态素材在预览窗口中的大小和位置，然后单击导览面板的"播放"按钮，即可预览最终效果，如下图所示。

 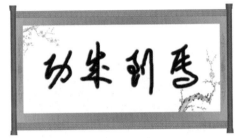

 提示：在选取绘图创建器的背景时应选择简单清晰的图像，便于更好的绘制

# 081

## 覆叠转场应用——户外广告

用户可以直接将转场效果直接应用到覆叠轨道的素材上，本实例通过添加覆叠轨道转场，制作户外视频广告效果。

素材文件：DVD\素材\第6章\例081

视频文件：DVD\素材\第6章\例081.mp4

**01** 进入会声会影 X9，在视频轨中插入一段视频素材（背景 .mov），如下图所示。

**02** 展开"选项"面板，进入"属性"选项卡，选中"变形素材"复选框，如下图所示。

03 在预览窗口中调整素材图像的大小及位置，如下图所示。

04 在覆叠轨中插入一张图片（1.jpg），如下图所示。

05 通过拖动绿色节点调整素材图片的大小及位置，如下图所示。

06 在覆叠轨中插入另一张图片（2.jpg），如下图所示。

07 在导览面板中通过拖动绿色节点调整素材图片的大小及位置，如下图所示。

08 切换到"转场"素材库，在"擦拭"素材库中选择"百叶窗"转场，并将其拖动到覆叠轨中素材 1 与素材 2 之间，如下图所示。

09 单击导览面板的"播放"按钮，即可预览最终效果，如下图所示。

# 082

## 视频遮罩 —— 可爱猫咪

视频遮罩是会声会影 X9 中为素材提供的动态遮罩效果。本实例中将具体介绍视频遮罩的应用。

 素材文件：DVD\ 素材 \ 第 6 章 \ 例 082

 视频文件：DVD\ 素材 \ 第 6 章 \ 例 082.mp4

**01** 进入会声会影 X9，在视频轨和覆叠轨中分别添加素材，如下图所示。并分别调整至屏幕大小。

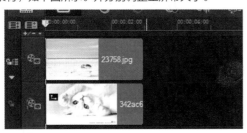

**02** 选择覆叠轨素材，单击"遮罩和色度键"按钮，如下图所示。

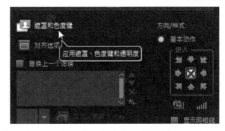

**03** 在展开的面板中选中"应用覆叠选项"复选框，单击类型，在展开的列表中选择"视频遮罩"选项，如下图所示。

**04** 在预览窗口中预览添加视频遮罩的效果，如下图所示。

# 083

## 灰色键混合 —— 唯美印象

使用灰色键功能，覆叠对象中的白色区域呈透明显示，浅色区域呈半透明显示，从而将此区域的背景展示出来。本实例中将具体介绍灰色键混合的应用。

 素材文件：DVD\ 素材 \ 第 6 章 \ 例 083

 视频文件：DVD\ 素材 \ 第 6 章 \ 例 083.mp4

01 进入会声会影 X9，在视频轨和覆叠轨中分别添加素材，如下图所示。并分别调整至屏幕大小。

02 选择覆叠轨素材，单击"遮罩和色度键"按钮，如下图所示。

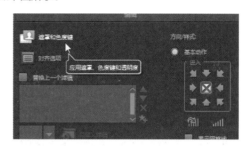

03 在展开的面板中选中"应用覆叠选项"复选框，单击类型，在展开的列表中选择"灰色键"选项，如下图所示。

04 在右侧调整滑块，至合适的位置，如下图所示。

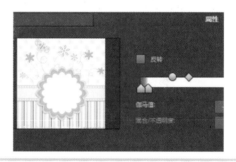

 提示：用户在选择灰色键后，可以调整相应的参数与滑块，来达到理想的覆叠效果。

# 084

## 相乘混合 —— 浪漫时刻

相乘是一种混合模式，覆叠轨与视频轨图像叠加重合，总是显示较暗区域的图像。本实例中将具体介绍相乘混合的应用。

素材文件：DVD\ 素材 \ 第 6 章 \ 例 084

视频文件：DVD\ 素材 \ 第 6 章 \ 例 084.mp4

01 进入会声会影 X9，在视频轨和覆叠轨中分别添加素材，如下图所示。并分别调整至屏幕大小。

02 选择覆叠轨素材，单击"遮罩和色度键"按钮，如下图所示。

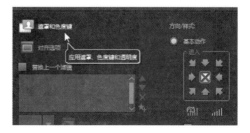

**03** 在展开的面板中选中"应用覆叠选项"复选框，单击类型，在展开的列表中选择"相乘"选项，结果如下图所示。

**04** 在预览窗口中预览应用相乘的效果，如下图所示。

# 第7章

## 添加标题字幕

影片编辑的过程中必不可少的就是标题字幕的添加，能使观众更好地理解影片的内容。在本章中将具体介绍标题字幕的添加。

◆ 添加标题字幕

◆ 设置标题动画

◆ 各种常见的标题制作

# 添加标题字幕

标题字幕是视频作品中不可或缺的重要元素。本实例中将具体介绍标题字幕的添加。

素材文件：DVD\ 素材 \ 第 7 章 \ 例 085

视频文件：DVD\ 视频 \ 第 7 章 \ 例 085.mp4

**01** 在会声会影视频轨中添加素材图片，如下图所示。

**02** 展开"选项"面板，设置"区间"参数为 8 秒，并在"重新采样选项"下拉列表中选择"保持宽高比（无字母框）"选项，如下图所示。

**03** 单击"标题"按钮，进入标题素材库，如下图所示。

**04** 在预览窗口中的任意位置双击鼠标，进入输入模式，如下图所示。

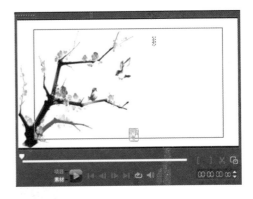

**05** 切换至中文输入法，在预览窗口中输入字幕的内容，如下图所示。

**06** 在预览窗口中的空白位置单击鼠标左键，进入标题的编辑模式，如下图所示。

**07** 在"编辑"选项卡中设置"区间"参数为5秒，单击"将方向更改为垂直"按钮，在"字体"下拉列表中选择方正黄草简体，并设置"字体大小"参数为46，如下图所示。

**08** 在预览窗口中的标题边框内双击鼠标，进入标题的输入模式，选择诗的题目，如下图所示。

**09** 设置"字体大小"参数为45，单击"对齐"选项组中的"对齐到右边中央"按钮，即可完成本实例的操作，如下图所示。

**10** 操作完成后，在预览窗口预览最终效果，如下图所示。

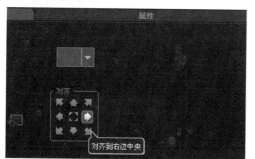

# 086

# 设置标题动画

在添加完标题后，如何让标题动起来。本实例将继续实例085中的视频项目制作，具体介绍标题动画的设置。

素材文件：DVD\ 项目 \ 第7章 \ 例086

视频文件：DVD\ 视频 \ 第7章 \ 例086.mp4

01 进入会声会影 X9，执行【文件】|【打开项目】命令，打开上一实例的项目文件（例 085.VSP），如下图所示。

02 选中标题轨中的素材，展开"选项"面板。切换至"属性"选项卡，单击"动画"单选按钮，选中"应用"复选框，然后单击"自定义动画属性"按钮，如下图所示。

03 打开"淡化动画"对话框，在"单位"下拉列表中选择"字符"选项，在"暂停"下拉列表中选择"短"选项，如下图所示。然后单击"确定"按钮完成设置。

04 在导览面板中通过调整"暂停区间"自定义标题的暂停时间，如下图所示。

05 在标题轨中选中标题素材，单击鼠标右键，执行【复制】命令，如下图所示。

06 将光标移动到标题素材的后方，单击鼠标粘贴素材，如下图所示。

07 拖动第二个素材的区间长度，使之与视频轨上的素材区间长度一致。如下图所示。

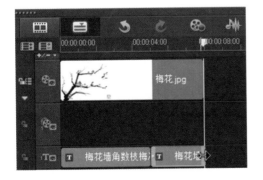

08 选中标题轨中的第二个素材，展开"选项"面板，切换至"属性"选项卡，单击"自定义动画属性"按钮，如下图所示。

09 弹出"淡化动画"对话框，在"单位"下拉列表中选择"文字"选项，然后单击"淡出"单选按钮，如下图所示。最后单击"确定"按钮即可完成设置。

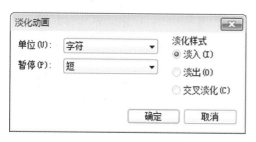

10 在导览面板中通过调整"暂停区间"自定义标题的暂停时间，如下图所示。操作完成后，在导览面板中单击"播放"按钮，预览最终效果。

# 087

## 字幕制作

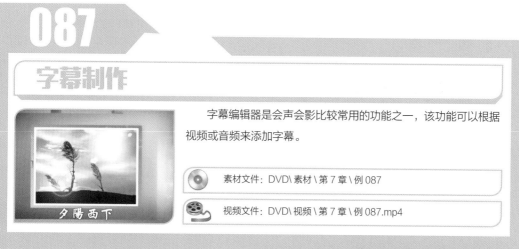

　　字幕编辑器是会声会影比较常用的功能之一，该功能可以根据视频或音频来添加字幕。

素材文件：DVD\素材\第 7 章\例 087

视频文件：DVD\视频\第 7 章\例 087.mp4

01 在视频轨中添加视频素材，如下图所示。

02 在时间轴上方单击"字幕编辑器"按钮，如下图所示。

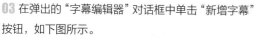

03 在弹出的"字幕编辑器"对话框中单击"新增字幕"按钮，如下图所示。

04 在字幕下单击鼠标，输入字幕，如下图所示。

**05** 在左侧拖动滑块到合适的位置，单击"结束标记"按钮，如下图所示。

**06** 用同样的操作方法，新增其他字幕，如下图所示，然后单击"确定"按钮完成设置。

**07** 在预览窗口调整文字的位置，并单击导览面板中的"播放"按钮，预览字幕效果，如下图所示。

# 088

## 制作镂空字

镂空字是指字体呈空心状态只显示字体的外部边界。本实例中将具体介绍镂空字的制作。

 素材文件：DVD\ 素材 \ 第 7 章 \ 例 088

 视频文件：DVD\ 视频 \ 第 7 章 \ 例 088.mp4

**01** 进入会声会影 X9，在视频轨中插入一张素材图片，如下图所示。将其调整到项目大小。

**02** 单击"标题"按钮，在预览窗口中双击鼠标左键，输入标题内容"夕阳无限好"，并调整素材的位置，如下图所示。

**03** 进入"选项"面板，设置字体为方正剪纸简体，字体大小为 84，设置字体颜色为黄色，然后单击"边框 / 阴影 / 透明度"按钮，如下图所示。

**04** 打开"边框/阴影/透明度"对话框，选中"透明文字"复选框，设置"边框宽度"参数为 5.0，"线条颜色"为白色，如下图所示。单击"确定"按钮完成设置。

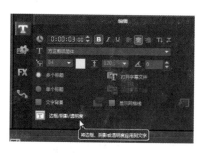

**05** 切换至"属性"面板，选中"应用"复选框，在"选取动画类型"下拉列表中选择"弹出"选项，并选择合适的类型，如下图所示。

**06** 执行操作后，在预览窗口中预览镂空字的最终效果，如下图所示。

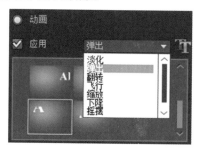

# 089

## 制作变形字

滤镜在标题字幕中的使用能制作出各种精彩的效果。本实例中将具体介绍变形字的制作。

 素材文件：DVD\ 素材 \ 第 7 章 \ 例 089

 视频文件：DVD\ 视频 \ 第 7 章 \ 例 089.mp4

**01** 进入会声会影 X9，在视频轨中插入一张素材图像，如下图所示。

**02** 展开"选项"面板，设置"区间"参数为 6 秒，在"重新采样选项"下拉列表中选择"保持宽高比（无字母框）"选项，如下图所示。

**03** 单击"标题"按钮，在预览窗口中输入字幕，如下图所示。

**04** 进入"选项"面板，设置区间参数为 6 秒，字体为汉仪颜楷繁，字体大小为 70，设置字体颜色为蓝色，然后单击"边框 / 阴影 / 透明度"按钮，如下图所示。

**05** 打开"边框/阴影/透明度"对话框,选中"外部边界"复选框,设置"边框宽度"参数为5.0,"线条颜色"为白色,如下图所示。

**06** 切换至"阴影"选项卡,单击下"下垂阴影"按钮,设置"X"参数为10,"Y"参数为10,"颜色"为蓝色,如下图所示。

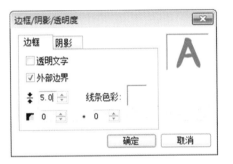

**07** 单击"滤镜"按钮,进入"滤镜"素材库,在"Corel FX"类别中选择"FX 涟漪"滤镜,如下图所示,并将其拖动到标题轨中素材上。

**08** 展开"选项"面板,切换至"属性"选项卡,单击"滤镜"单选按钮,然后单击"自定义滤镜"按钮,如下图所示。

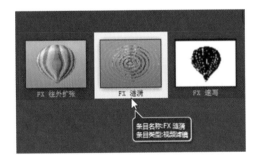

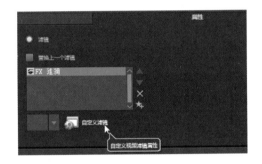

**09** 调整中心点的位置,设置"X"参数为53,"Y"参数21,"振幅"参数为5,"频率"和"相位"参数均为10,如下图所示。

**10** 将滑块拖到2秒的位置,创建新的关键帧。调整中心点的位置,设置"X"参数为72,"Y"参数为20,"振幅"参数为5,"频率"和"相位"参数均为10,如下图所示。

11 选中最后一个关键帧，调整中心点的位置，设置"X"参数为 91，"Y"参数为 21，"振幅"参数为 0，"频率"和"阶段"参数均为 10，如下图所示。

12 单击"确定"按钮关闭对话框。单击导览面板中的"播放"按钮，预览最终效果，如下图所示。

# 090

## 制作谢幕文字

电影结束时，常常用到谢幕文字介绍影片创作人员及单位等内容。本实例中将具体介绍谢幕文字的制作。

 素材文件：DVD\ 素材 \ 第 7 章 \ 例 090

 视频文件：DVD\ 视频 \ 第 7 章 \ 例 090.mp4

01 打开配套光盘中的标题文件"演员表 .txt"（演员表 .txt），按 Ctrl+A 组合键选中所有文字，再按 Ctrl+C 组合键将所有选中的文字复制到剪贴板中，如下图所示。

02 进入会声会影 X9，在视频轨中插入一张素材（背景 .jpg），如下图所示。

03 展开"选项"面板，设置"区间"参数为 20 秒。切换至"属性"选项卡，选中"变形素材"复选框，如下图所示。

04 在预览窗口中调整素材的大小及位置，如下图所示。

**05** 单击标题按钮，切换至"标题"素材库，在预览窗口双击鼠标进入标题输入状态，按 Ctrl+V 组合键粘贴剪贴板中的字幕素材，如下图所示。

**06** 进入"选项"面板，设置区间参数为 20 秒，字体为方正黄草简体，字体大小参数为 29，字体颜色为白色，如下图所示。

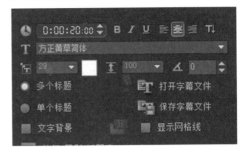

**07** 单击"边框 / 阴影 / 透明度"按钮，切换至"阴影"选项卡，单击"下垂阴影"按钮，设置"X""Y"参数均为 5，"颜色"为白色，如下图所示。单击"确定"按钮完成设置。

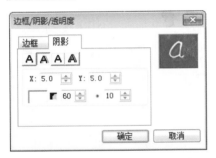

**08** 切换至"属性"面板，选中"应用"复选框，选择"飞行"类别，单击"自定动画属性"按钮，如下图所示。

**09** 在弹出的对话框中设置文字运动方式，如下图所示。

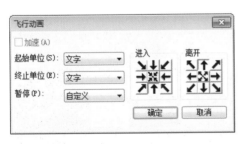

**10** 在预览窗口中通过调整"暂停区间"自定义字幕的暂停时间，如下图所示。

**11** 执行操作后，在导览面板中单击"播放"按钮，预览最终效果，如下图所示。

提示：当字幕滚动速度过快时，可以通过调整标题素材区间和标题动画暂停区间未调整速度

# 091

## 制作滚动字幕

滚动字幕在电影电视中有着重要的作用。插播最新消息、为影片内容做简单介绍，这些都会用到了滚动字幕。本实例中将具体介绍滚动字幕的制作方法。

素材文件：DVD\ 素材 \ 第 7 章 \ 例 091

视频文件：DVD\ 视频 \ 第 7 章 \ 例 091.mp4

**01** 进入会声会影 X9，在视频轨中插入一段视频素材，如下图所示。

**02** 展开 "选项" 面板，在 "重新采样选项" 下拉列表中选择 "保持宽高比（无字母框）选项，如下图所示。

**03** 单击 "标题" 按钮，在预览窗口中双击鼠标左键输入字幕内容，并调整素材区间与视频轨中的区间长度相同，如下图所示。

**04** 进入 "选项" 面板，设置 "字体" 为楷体 -GB2312，"字体大小" 参数为 40，并设置 "颜色" 为白色。选中 "文字背景" 复选框，然后单击 "自定义文字背景的属性" 按钮，如下图所示。

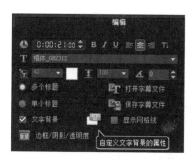

**05** 在 "背景类型" 中单击 "单色背景栏" 单选按钮，单击 "渐变" 单选按钮，设置 "渐变" 颜色为绿色和白色，单击 "上下" 按钮，设置 "透明度" 参数为 70，如下图所示。

**06** 单击 "确定" 按钮完成设置，然后在预览窗口中调整素材的位置，如下图所示。

**07** 切换至"属性"选项卡，选中"应用"复选框，在"选取动画类型"下拉列表选择"飞行"选项，选取第六个预设效果，然后单击"自定动画属性"按钮，如下图所示。

**08** 在弹出的对话框中，设置"起始单位"和"终止单位"均为"行"，单击"从右边中间进入"按钮和"从左边中间离开"按钮，如下图所示。

**09** 单击"确定"按钮完成设置。在导览面板中单击"播放"按钮，预览最终效果，如下图所示。

提示：在文字处于输入状态时，按 Ctrl+A 组合键可以选中全部文字。

# 092

## 制作霓虹变色字

标题样式配合不同滤镜的使用可以制作出不同的效果。本实例中将介绍霓虹变色字的制作。

 素材文件：DVD\素材\第 7 章\例 092

 视频文件：DVD\视频\第 7 章\例 092.mp4

01 进入会声会影 X9，在视频轨中插入一张素材图片，如下图所示。

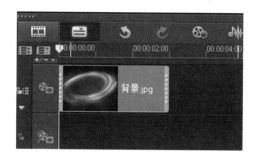

02 展开"选项"面板，设置"区间"参数为 6 秒，在"重新采样选项"中选择"保持宽高比（无字母框）"，如下图所示。

03 单击"标题"按钮，然后在预览窗口中双击鼠标输入内容，如下图所示。

04 进入"选项"面板，设置"区间"参数为 6 秒，"字体"为"方正启体简体"，"字体大小"参数为 70，单击"边框 / 阴影 / 透明度"按钮，如下图所示。

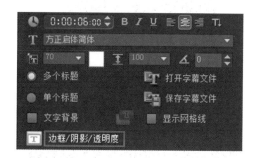

05 在"边框"选项卡中，选中"外部边界"复选框，设置边框"参数"为 6.0，线条颜色为蓝色，如下图所示。

06 切换至"阴影"选项卡，单击"光晕阴影"按钮，设置"光晕阴影色彩"为"蓝色"，单击"确定"按钮完成设置，如下图所示。

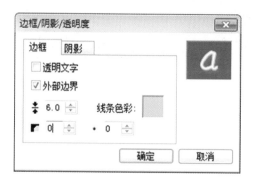

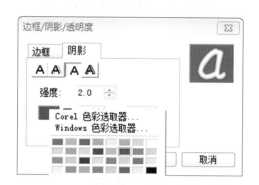

07 切换至"属性"选项卡，选中"应用"复选框，然后单击"自定动画属性"按钮，弹出"淡化动画"对话框，设置单位为"字符"，选中"交叉淡化"单选按钮，如右图所示。单击"确定"按钮完成设置。

08 单击"滤镜"按钮,进入"滤镜"素材库,在"相机镜头"中选择"发散光晕"滤镜,如下图所示,将其拖到标题轨素材中。

09 展开"选项"面板,切换至"属性"选项卡,单击"自定义滤镜"按钮,如下图所示。

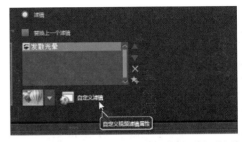

10 在弹出的对话框中设置"光晕角度"参数为6,选中第2个关键帧,设置"光晕角度"参数为5,如下图所示,然后单击"确定"按钮。

11 进入"滤镜"素材库,在"暗房"中选中"色调与饱和度"滤镜,如下图所示,并将其拖动到标题轨中的素材上。

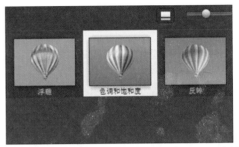

12 选中第2个关键帧,设置"色调"参数为140,如下图所示。

13 单击"确定"按钮关闭对话框。在导览面板中单击"播放"按钮预览最终效果,如下图所示。

# 093

## 制作立体流光字

会声会影能利用文字的阴影模拟出具有立体感的文字。本实例中将介绍立体流光字的制作。

 素材文件: DVD\ 素材 \ 第 7 章 \ 例 093

 视频文件: DVD\ 视频 \ 第 7 章 \ 例 093.mp4

**01** 进入会声会影 X9，在视频轨中插入一张素材图片，如下图所示。

**02** 展开选项面板，在"重新采样选项"中选择"保持宽高比（无字母框）"选项，如下图所示。

**03** 单击"标题"按钮，然后在预览窗口中双击鼠标，输入内容"流光溢彩"，如下图所示。

**04** 展开"选项"面板，设置"区间"参数为 2 秒，"字体"为方正启体简体，"字体大小"参数为 90，"字体颜色"为白色，参数设置如下图所示，并在预览窗口调整其位置。

**05** 单击"边框阴影透明度"按钮，弹出对话框，切换至"阴影"选项卡，单击"突起阴影"按钮，设置"X"参数为 17.0，"Y"参数为 5.0，并单击"突起阴影色彩"颜色块，选择蓝色，如下图所示，然后单击"确定"按钮完成设置。

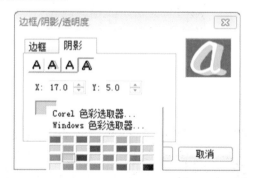

**06** 单击"滤镜"按钮，在"暗房"类别中选中"光线"滤镜，如下图所示，并将其拖到标题轨的素材中。

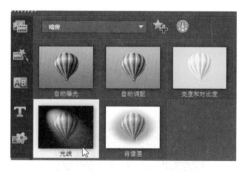

**07** 展开"选项"面板，切换至"属性"选项卡，单击"自定义滤镜"按钮，弹出"光线"对话框，在"距离"下拉列表中选择"远"，在"曝光"下拉列表中选择"最长"，如下图所示。

**08** 右击"光线色彩"颜色框，弹出"Corel 色彩选取器"对话框，设置光线色彩为紫色，如下图所示。

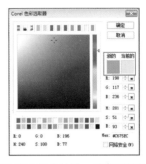

**09** 设置"发散"参数为 30，在第 1 个关键帧上单击鼠标右键，执行【复制】命令，如下图所示。

**10** 将滑块拖动到 1 秒的位置，创建新的关键帧，单击鼠标右键，执行【粘贴】命令，设置"发散"参数为 15，如下图所示。

**11** 选择最后 1 个关键帧，单击鼠标右键执行【粘贴】命令。设置"倾斜"参数为 320，调整十字标记的位置，如下图所示，然后单击"确定"按钮完成设置。

**12** 单击"滤镜"按钮，在"相机镜头"类别中选择"发散光晕"滤镜，如下图所示，并将其拖动到标题轨中的素材上。

**13** 展开"选项"面板，然后单击"自定义滤镜"按钮。弹出"发散光晕"对话框，设置"光晕角度"参数为 2，选择第 2 个关键帧，设置"光晕角度"参数为 4，如下图所示。单击"确定"按钮完成设置。

**14** 单击导览面板中的"播放"按钮，预览最终效果，如下图所示。

# 094

# 制作扫光字

扫光字是一种比较常见的字效，应用也比较广泛。本实例中将具体介绍扫光字的制作。

素材文件：DVD\素材\第 7 章\例 094

视频文件：DVD\视频\第 7 章\例 094.mp4

**01** 进入会声会影 X9，在视频轨中插入一张素材图像，如下图所示。

**02** 展开"选项"面板，设置"区间"参数为 6 秒，在"重新采样选项"下拉列表中选择"保持宽高比（无字母框）"选项，如下图所示。

**03** 单击"标题"按钮，然后在预览窗口中双击鼠标，输入内容"美妙音符"，如下图所示。

**04** 展开"选项"面板，设置"区间"参数为 6 秒，"字体"为"方正行楷简体"，"字体大小"参数为 85，如下图所示，并在预览窗口调整其位置。

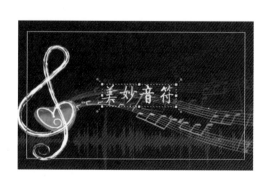

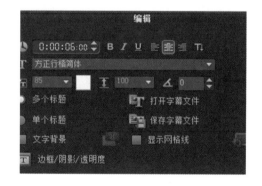

**05** 单击"滤镜"按钮，进入"滤镜"素材库，在"相机镜头"中选中"缩放动作"滤镜，如下图所示，并将其拖到标题轨的素材中。

**06** 展开"选项"面板，切换至"属性"选项卡，单击"自定义滤镜"按钮，在弹出的对话框中设置"速度"参数为 1，如下图所示。

**07** 将滑块拖动到 1 秒的位置，创建一个新的关键帧，设置"速度"参数为 1，如下图所示。

**08** 将滑块拖动到 3 秒的位置，创建一个新的关键帧，设置"速度"参数为 100，如下图所示。

**09** 选中最后 1 个关键帧，设置"速度"参数为 1，如下图所示。单击"确定"按钮完成设置。

**10** 在"相机镜头"素材库中，选中"发散光晕"滤镜，如下图所示，并将其拖动到标题轨中的素材上。

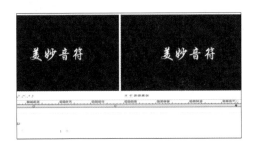

**11** 展开"选项"面板，切换至"属性"选项卡，单击"自定义滤镜"按钮，在弹出的对话框中，设置"阈值"参数为 10，"光晕角度"参数为 0，如下图所示。

**12** 将滑块拖动到 1 秒的位置，创建新的关键帧，设置"阈值"参数为 10，"光晕角度"参数为 0，如下图所示。

**13** 将滑块拖动到 3 秒 5 的位置，创建新的关键帧，设置"阈值"参数为 10，"光晕角度"参数为 4，如下图所示。

**14** 选中最后 1 个关键帧，设置"阈值"参数为 10，"光晕角度"参数为 0，如下图所示。

**15** 单击"确定"按钮关闭对话框，在导览面板中单击"播放"按钮，预览最终效果，如右图所示。

# 095

## 制作运动模糊字

很多特殊的标题效果都需要通过标题样式与滤镜功能相结合才能实现。本实例中将介绍运动模糊字的制作。

素材文件：DVD\ 素材 \ 第 7 章 \ 例 095

视频文件：DVD\ 视频 \ 第 7 章 \ 例 095.mp4

**01** 进入会声会影 X9，在视频轨中插入一张素材图像（背景 .jpg），如下图所示。

**02** 展开"选项"面板，设置"区间"参数为 6 秒，在"重新采样选项"下拉列表中选择"保持宽高比（无字母框）"选项，如下图所示。

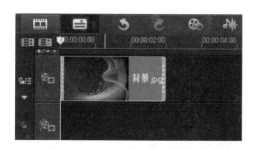

**03** 单击"标题"按钮，然后在预览窗口中双击鼠标，输入内容"舞动青春"，如下图所示。

**04** 进入"选项"面板，设置"区间"参数为 6 秒，"字体"为"方正少儿简体"，"字体大小"参数为 65，字体颜色为白色，如下图所示，并在预览窗口调整其位置。

**05** 切换至"属性"选项卡，选中"应用"复选框，在"选取动画类型"下拉列表中选择"移动路径"选项，如下图所示。

**06** 在导览面板中拖动"暂停区间"调整移动路径动画的暂停时间，如下图所示。

**07** 单击"滤镜"按钮，进入"滤镜"素材库，在"特殊"类别中选中"幻影动作"滤镜，如下图所示，并将其拖到标题轨的素材中。

**08** 展开"选项"面板，切换至"属性"选项卡，单击"自定义滤镜"按钮。弹出对话框，将滑块拖到 2 秒的位置，创建新的关键帧，设置"步骤边框"参数为 5，"透明度"参数为 50，"柔和"参数为 20，如下图所示。

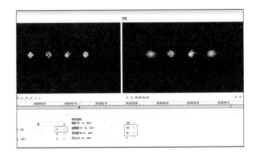

**09** 将滑块拖动到 4 秒的位置，创建新的关键帧，设置"步骤边框"参数为 2，"透明度"为 25，"柔和"为 10，如下图所示。

**10** 选择最后 1 个关键帧，设置"透明度"参数为 0，单击"确定"按钮完成设置。在导览面板中单击"播放"按钮，预览最终效果，如下图所示。

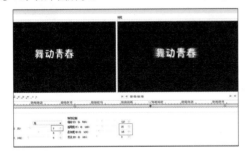

# 第 8 章

## 音频添加制作

在视频编辑中，声音是影片制作不可缺少的元素，合适的声音素材能使整个影片更具观赏性和视听性。本章中将具体介绍音频的添加和编辑。

◆ 添加音频文件

◆ 分割音频文件

◆ 调节音频音量

◆ 使用环绕混音

◆ 音频滤镜的使用

◆ 伴奏乐提取

# 096

## 添加音频文件

在会声会影 X9 中提供了声音轨和音乐轨两种类型的音频轨道。声音轨用于放置人物配音或声音特效，音乐轨用于放置背景音乐。在本实例中将介绍音频文件的添加。

 素材文件：DVD\ 素材 \ 第 8 章 \ 例 096

 视频文件：DVD\ 视频 \ 第 8 章 \ 例 096.mp4

**01** 进入会声会影 X9，在视频轨中插入一段视频素材（视频 .mp4），如下图所示。

**02** 在"重新采样选项"下拉列表中选择"保持宽高比（无字母框）选项，如下图所示。

**03** 时间轴视图中单击鼠标右键，执行【插入音频】|【到音乐轨】命令，可直接添加音频素材，如下图所示。

**04** 在弹出的对话框中选择需要的音频素材，将其添加到会声会影中，如下图所示。

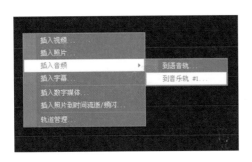

**05** 操作完成后，单击导览面板中的"播放"按钮，试听音频效果，如右图所示。

# 097

## 分割音频文件

在编辑视频时，有时原视频文件的音频不需要用到时，可以将其分割出来，进行下一步编辑。在本实例中将具体介绍音频文件的分割。

素材文件：DVD\ 素材 \ 第 8 章 \ 例 097

视频文件：DVD\ 视频 \ 第 8 章 \ 例 097.mp4

### 1 分割视频中的音频

**01** 进入会声会影 X9，在视频轨中插入一段视频素材，并调整到项目大小如下图所示。

**02** 展开"选项"面板，在"视频"选项卡中单击"分割音频"按钮，如下图所示。

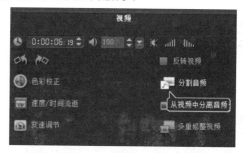

**03** 时间轴视图中可以看到，此时声音素材就被分割出来了，如下图所示。选择不需要的部分然后按下 Delete 键将其删除。

**04** 在"视频"选项卡中单击"静音"按钮也可以达到关闭原音频的目的，如下图所示。

**05** 单击导览面板中的播放按钮，可预览最终效果，如下图所示。

提示：有时需要某个视频中的音乐，也可使用分割音频功能将视频中的音频分割出来，再切换至"输出"步骤，选择"音频"格式，将分割的音频素材导出并保存起来，便于下次调用。

### 2. 分割音频文件

01 进入会声会影 X9，在音频轨中添加音频素材到音频轨中（音乐.wma），如下图所示。

02 在导览面板中拖动飞梭到需要分割音频的地方，如下图所示。

03 单击"按照飞梭栏的位置分割素材"按钮，如下图所示。

04 在时间轴中可以看到音频轨道上的素材被分割成两段，如下图所示。

# 098

## 调节音频音量

添加音频后可以对音频文件进行编辑。本实例中将介绍音频音量的调节。

 素材文件：DVD\ 素材 \ 第 8 章 \ 例 098

 视频文件：DVD\ 视频 \ 第 8 章 \ 例 098.mp4

### 1. 调节整个音频

01 进入会声会影 X9，执行【文件】|【打开项目】命令，打开一个项目文件（例 098.VSP），如下图所示。

02 选中声音轨中的音频文件，展开"选项"面板，单击"素材声音"右侧的下三角按钮，在弹出的音乐调节器中拖动滑块，如下图所示。

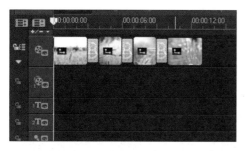

03 单击导览面板中的"播放"按钮，即可预览调节音量后的效果，如下图所示。

### 2. 音量调节线调节音量

01 进入会声会影 X9，执行【文件】|【打开项目】命令，打开一个项目文件（DVD\项目\第 8 章\例098.VSP），如下图所示。

02 选中声音轨中的音频文件，单击时间轴上的"混音器"按钮，如下图所示。

03 切换至混音器视图，将鼠标移至音频文件中间的黄色音量调节线上，此时鼠标呈向上箭头形状，如下图所示。

04 单击鼠标左键并向上拖动到合适位置，然后释放鼠标，即可添加关键帧点，如下图所示。

**05** 单击鼠标左键并向下拖动到合适位置，然后释放鼠标，即可添加第二个关键帧点，如下图所示。

**06** 用同样的方法，在另一处向上拖动调节线，添加第三个关键点，如下图所示。

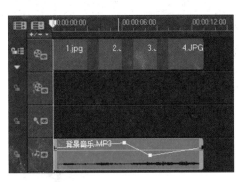

**07** 操作完成后，回到时间轴视图，在导览面板中单击"播放"按钮，即可预览调节音量后的效果，如下图所示。

# 099

## 左右声道

环绕混音功能可以对左右声道的音量分别进行调节。本实例中将具体介绍环绕混音的使用。

 素材文件：DVD\ 素材 \ 第 8 章 \ 例 099

 视频文件：DVD\ 视频 \ 第 8 章 \ 例 099.mp4

**01** 进入会声会影 X9，在视频轨中插入一段视频素材（竹林 .mp4），如下图所示。

**02** 展开"选项"面板，在"视频"选项卡中设置"区间"参数为 9 秒 11，如下图所示。

03 在"重新采样选项"下拉列表中选择"保持宽高比(无字母框)选项,如下图所示。

04 在时间轴中单击鼠标右键,执行【插入音频】|【到声音轨】命令,在声音轨上插入一段音频素材(鸟叫1.mp3),如下图所示。

05 用同样的方法,在音乐轨#上添加一段音频素材(鸟叫2.mp3),如下图所示。

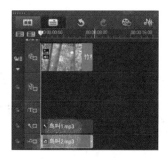

06 在时间轴面板调节声音轨上的素材区间,使之与音乐轨上的素材区间长度一致,如下图所示。

07 单击时间轴上的"混音器"按钮,切换至混音器视图,如下图所示。

08 在导览面板中单击"项目"按钮,切换至"项目"模式,如下图所示。

09 进入"选项"面板,在"环绕混音"选项卡中单击"声音轨"按钮,然后将图标按钮拖动到最左侧,如下图所示。

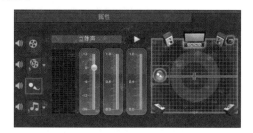

10 在"环绕混音"选项卡中单击"音乐轨"按钮,将图标拖动到最右侧,如下图所示。

11 操作完成后,在导览面板中单击"播放"按钮,预览使用环绕混音功能的效果。

# 回声特效

在音频上添加音频滤镜可以实现一些特殊的声音效果。本实例中将介绍回声特效的制作。

素材文件：DVD\ 素材 \ 第 8 章 \ 例 100

视频文件：DVD\ 视频 \ 第 8 章 \ 例 100.mp4

01 进入会声会影 X9，在视频轨中插入一段视频素材（视频 .mpg），如下图所示。

02 展开"选项"面板，在"重新采样选项"下拉列表中选择"保持宽高比（无字母框）选项，如下图所示。

03 在时间轴中单击鼠标右键，执行【插入音频】|【到声音轨】命令，如下图所示。

04 在声音轨中插入一段音频素材（音乐 .mp3），如下图所示。

05 选中声音轨中的素材，展开"选项"面板，单击"音频滤镜"按钮，如下图所示。

06 在"音频滤镜"对话框左侧的"可用滤镜"下拉列表中选择"回声"选项，单击"添加"按钮，如下图所示。

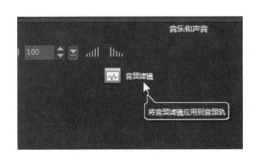

07 单击"选项"按钮，在弹出的对话框中设置"延时"参数为 2000 毫秒，单击"播放"按钮试听回音滤镜的效果，如下图所示。单击"确定"按钮。

08 操作完成后，在导览面板中单击"播放"按钮，预览制作回声特效后的效果，如下图所示。

# 数码变声特效

在会声会影 X9 中利用音频滤镜还可以制作出数码变声特效。本实例中将具体介绍变声特效的制作。

素材文件：DVD\ 素材 \ 第 8 章 \ 例 101

视频文件：DVD\ 视频 \ 第 8 章 \ 例 101.mp4

01 进入会声会影 X9，在视频轨中插入一段视频素材（玫瑰花开 .MOV），如下图所示。

02 展开"选项"面板，在"重新采样选项"下拉列表中选择"保持宽高比（无字母框）选项，如下图所示。

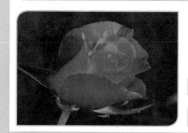

03 在时间轴中单击鼠标右键，执行【插入音频】|【到声音轨】命令，如下图所示。

04 在声音轨中插入音频素材（真爱 .mp3），调整区间使之与视频轨的素材区间一致，如下图所示。

**05** 展开"选项"面板,单击"音频滤镜"按钮,如下图所示。

**06** 在"音频滤镜"对话框左侧的"可用滤镜"下拉列表中选择"音调偏移"选项,单击"添加"按钮后,再单击"选项"按钮,如下图所示。

**07** 弹出对话框,设置"半音调"参数为10,如下图所示。单击"确定"按钮完成设置。

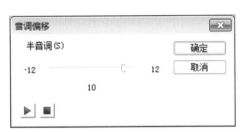

**08** 操作完成后,在导览面板中单击"播放"按钮预览并试听效果,如下图所示。

 提示:在"变调"对话框中单击"播放"按钮预览效果,便于确定是否满意当前效果。

# 102

## 伴奏乐提取

在会声会影 X9 中可以提取出原视频文件中的伴奏乐。本实例中将具体介绍伴奏乐提取特效的制作。

 素材文件:DVD\ 素材 \ 第 8 章 \ 例 102

 视频文件:DVD\ 视频 \ 第 8 章 \ 例 102.mp4

**01** 进入会声会影 X9,插入视频素材到视频轨中(视频 .mpg),如下图所示,并将其调整到项目大小。

**02** 单击时间轴视图上方的"混音器"按钮,切换至"混音器视图",如下图所示。

**03** 弹出"选项"面板,切换至"属性"选项卡,如下图所示。

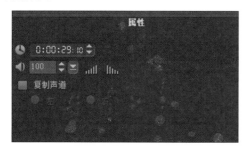

**04** 单击时间轴视图上方的"混音器"按钮,切换至"混音器视图",如下图所示。

**05** 单击"共享"按钮,进入"共享"步骤,单击"音频"按钮输出音频文件,如右图所示。

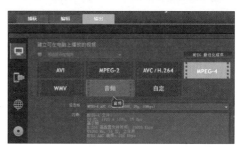

# 第 9 章

## 视频分享输出

视频编辑的最后一步就是将制作好的视频文件分享输出，可以直接导出为网页，也可以导出为电子邮件，又或者将其刻录成光盘等。在本章中将具体介绍视频的分享输出。

- ◆ 输出视频文件
- ◆ 输出预览范围
- ◆ 导出为模板
- ◆ 输出可储存至可携式装置视频
- ◆ 上传到网站
- ◆ 刻录光盘
- ◆ 导出到 SD 卡
- ◆ 输出 3D 影片
- ◆ 输出不带音频的影片

# 103

## 输出视频文件——海星贝壳

经过一系列的编辑后，就可以将编辑完成的影片输出成视频文件了。本实例将具体介绍视频文件的输出。

素材文件：DVD\ 素材 \ 第 9 章 \ 例 103

视频文件：DVD\ 视频 \ 第 9 章 \ 例 103.mp4

**01** 进入会声会影 X9，打开一个项目文件（例 103. VSP），如下图所示。

**02** 单击"共享"按钮，切换至共享步骤面板，如下图所示。

**03** 单击"自定义"选项，如下图所示。

**04** 在"自定"面板中设置所要输出的视频格式、文件名称和存储路径，如下图所示。

**05** 单击"开始"按钮，即可进行视频的输出，输出完成后在刚设置的路径中可以看到输出完成的作品，如下图所示。

**06** 单击导览面板中的"播放"按钮，可预览最终效果，如下图所示。

# 104

## 输出预览范围 —— 百变时钟

编辑好影片后，若只需要输出其中一部分影片，可以先指定项目区间的范围。本实例中将具体介绍输出预览范围。

 素材文件：DVD\ 素材 \ 第 9 章 \ 例 104

 视频文件：DVD\ 视频 \ 第 9 章 \ 例 104.mp4

**01** 进入会声会影 X9，打开项目文件（例 104. VSP），如下图所示。

**02** 在导览面板中通过拖动滑块来确定影片的开始位置，单击"开始标记"按钮，如下图所示。

**03** 用同样的方法确定影片的结束位置，单击"结束标记"按钮，如下图所示。

**04** 单击"共享"按钮，切至共享步骤面板，择"自定"选项，如下图所示。

**05** 在"自定"面板中设置所要输出的视频格式、文件名称和存储路径，如下图所示。

**06** 勾选"仅建立预览范围"选项，然后单击"开始"按钮进行视频输出，如下图所示。

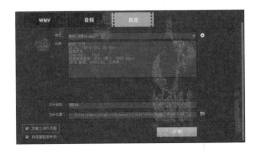

**07** 输出完成后在刚设置的路径中可以看到输出完成的作品，如下图所示。

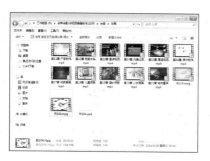

**08** 选中该素材文件，在导览面板中单击"播放"按钮预览影片，如下图所示。

# 105

## 导出为模板 —— 阳光海岸

用会声会影编辑的视频可以直接导出为模板，分享给亲朋好友，在本实例中将具体介绍导出模板的制作。

素材文件：DVD\ 素材 \ 第 9 章 \ 例 105

视频文件：DVD\ 视频 \ 第 9 章 \ 例 105.mp4

**01** 进入会声会影 X9，打开一个项目文件（例 105.VSP），如下图所示。

**02** 执行【文件】|【导出为模板】|【即时项目模板】命令，如下图所示。

**03** 弹出提示对话框，单击"是"按钮，如下图所示。

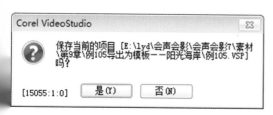

**04** 弹出"将项目导出为模板"对话框，设置模板保存路径，然后单击"确定"按钮，如下图所示。

**05** 弹出提示对话框,单击"确定"按钮,如下图所示。

**06** 操作完成后,即时项目素材库打开,用户可以在自定义素材库中看到保存的模板,如下图所示。

**07** 打开模板保存路径,自定义的模板以文件夹的形式将素材及项目保存,如右图所示。

**08** 在会声会影 X9 中单击导览面板中的"播放"按钮,可预览最终效果,如下图所示。

 提示:用户下次使用该模板,可以直接从即时项目的自定义素材库中调用。

# 106

## 输出可储存至可携式装置视频 —— 生活装饰

在会声会影中,能将编辑好的影片输出为可储存至可携式装置视频。本实例中将具体介绍输出为可储存至可携式装置视频的操作方法。

 素材文件:DVD\ 素材 \ 第 9 章 \ 例 106

 视频文件:DVD\ 视频 \ 第 9 章 \ 例 106.mp4

**01** 进入会声会影 X9，打开一个项目文件（例 106. VSP），如下图所示。

**02** 切换至"共享"步骤面板，单击（装置）选项面板中的"DV"按钮 ，如下图所示。

**03** 在"DV"面板中设置所要输出的视频格式、文件名称和存储路径，如下图所示。

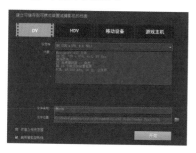

**04** 单击"开始"按钮进行视频输出，如下图所示。

**05** 输出完成后在刚设置的路径中可以看到输出完成的作品，如下图所示。

**06** 单击导览面板中的"播放"按钮，可预览最终效果，如下图所示。

# 107

## 上传到网站 —— 海底世界

会声会影可以直接将自制的视频上传到视频网站中。在本实例中我们将具体介绍将视频上传到网站的操作方法

素材文件：DVD\素材\第9章\例107

视频文件：DVD\视频\第9章\例107.mp4

**01** 启动会声会影,打开一个项目文件(例 107.VSP),如下图所示。

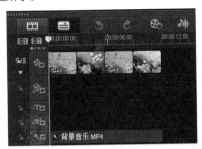

**02** 切换至"共享"面板,单击选项面板中的 ◉(网站)按钮,如下图所示。

**03** 选择"YouTube"选项,然后单击"登录"按钮,如下图所示。

**04** 在弹出的对话框中输入注册用户名及密码,如下图所示,然后单击"登入"按钮完成设置。

**05** 在导览面板中单击"播放"按钮可以预览视频效果,如下图所示。

 提示:用户若不是视频网站会员,可以注册用户再上传视频。

# 108

## 刻录光盘——音乐喷泉

制作好视频作品后将其刻录成光盘,实现永久保存。在本实例中将具体介绍光盘的刻录。

 素材文件: DVD\ 素材 \ 第 9 章 \ 例 108

 视频文件: DVD\ 视频 \ 第 9 章 \ 例 108.mp4

01 进入会声会影 X9，打开一个项目文件（例 108.VSP），如下图所示。

02 切换至"共享"步骤面板，在选项面板中单击 ◎（光盘）按钮，如下图所示。

03 在（光盘）属性面板单击 DVD 选项，弹出如下图所示对话框。

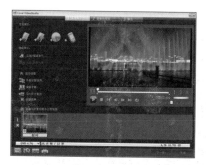

04 单击左下角的"项目设置"按钮，如下图所示。

05 弹出"项目设置"对话框，选中对话框中的"自动从起始影片淡化到菜单"复选框，如下图所示，然后单击"确定"按钮完成设置。

06 单击"下一步"按钮，如下图所示。

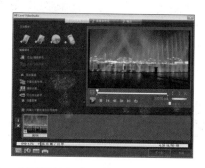

07 在新的窗口中单击"菜单模板类别"下三角按钮，在弹出的下拉列表中选择"智能场景菜单"选项，如下图所示。

08 单击一个智能场景，如下图所示。

**09** 在预览窗口中将标题修改为"音乐喷泉",如下图所示。

**10** 单击"预览"按钮,即可预览效果,如下图所示。

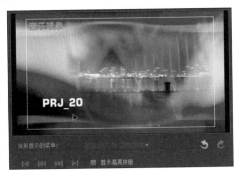

**11** 单击"后退"按钮,返回"菜单和预览"窗口,单击"下一步"按钮,如下图所示。

**12** 进入"输出"窗口,将 DVD 光盘放入到光驱中,单击"刻录"按钮,如下图所示,即开始刻录光盘。

**13** 在会声会影 X9 中单击导览面板中的"播放"按钮,预览效果,如下图所示。

# 109

## 导出到 SD 卡——彩色鸡蛋

在会声会影中,能将编辑好的影片直接导出到移动设备的 SD 卡中。本实例中将具体介绍导出到 SD 卡的操作方法。

 素材文件: DVD\ 素材 \ 第 9 章 \ 例 109

 视频文件: DVD\ 视频 \ 第 9 章 \ 例 109.mp4

**01** 进入会声会影 X9，打开一个项目文件（例 109. VSP），如下图所示。

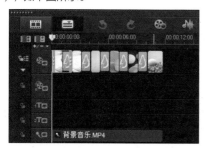

**02** 切换至"共享"步骤面板，单击（光盘）选项面板中的"SD 卡"按钮，如下图所示。

**03** 在弹出的对话框中单击"下一步"按钮，如下图所示。

**04** 在新窗口左侧的画廊面板中选择一个菜单模版，如下图所示。

**05** 单击"下一步"按钮，勾选"导出至 SD 卡"，如下图所示。

**06** 单击导览面板中的"播放"按钮，可预览最终效果，如下图所示。

 提示：移动设备包括手机、U 盘等各种计算机能识别的外部设备。

# 110

## 输出 3D 影片 —— 温馨家居

在会声会影中，能将编辑好的影片输出为 3D 影片。本实例中将具体介绍输出红蓝 3D 影片的操作方法。

 素材文件：DVD\ 素材 \ 第 9 章 \ 例 110

 视频文件：DVD\ 视频 \ 第 9 章 \ 例 110.mp4

**01** 进入会声会影 X9，打开一个项目文件（例 110. VSP），如下图所示。

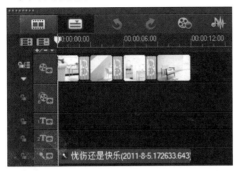

**03** 选择 MPEG-2 格式，然后开启"红蓝 3D"，设置"深度"参数为 80，如下图所示。

**05** 输出完成后在刚设置的路径中可以看到输出完成的作品，如下图所示。

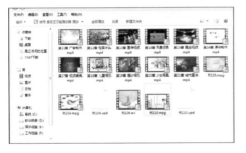

**02** 切换至"共享"步骤面板，单击 (3D 影片）按钮，如下图所示。

**04** 设置所要输出的视频尺寸、文件名称和存储路径，设置完成后单击开始按钮，如下图所示。

**06** 双击鼠标可播放视频最终效果，如下图所示。

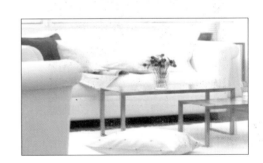

# 111

## 输出不带音频的影片 —— 繁华都市

在会声会影中，如果只要用到某些视频素材的画面，不需要其中的声音，就可以输出不带音频的影片。本实例中将具体介绍输出无音频影片的操作方法。

 素材文件：DVD\ 素材 \ 第 9 章 \ 例 111

 视频文件：DVD\ 视频 \ 第 9 章 \ 例 111.mp4

01 进入会声会影 X9，打开一个项目文件（例 111. VSP），如下图所示。

02 切换至"共享"步骤面板，选择 MPEG-2 格式，然后单击（创建自定义配置文件）按钮，如下图所示。

03 在弹出的"新建配置文件选项"对话框选择"常规"选项卡，如下图所示。

04 在常规选项面板设置"数据轨"为"仅视频"选项，然后单击确定按钮，如下图所示。

05 设置所要输出的视频尺寸、文件名称和存储路径，设置完成后单击开始按钮，如下图所示。

06 输出完成后在刚设置的路径中可以看到输出完成的作品，如下图所示。

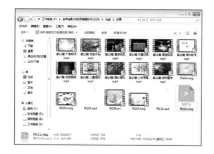

07 双击鼠标可播放视频最终效果，如下图所示。

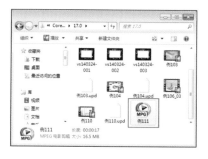

# 第10章

## 辅助软件

制作一部出色的视频作品，有时候需要借助外部软件的使用，例如用 Photoshop 软件处理图像、制作相框遮罩，用 Sayatoo 软件制作渐变字幕、用 particleillusion 软件制作粒子特效背景等。在本章中将具体介绍制作视频常用的辅助软件。

- ◆ 应用自制相框
- ◆ Photoshop 自制遮罩
- ◆ Sayatoo 软件制作卡拉 OK 渐变字幕
- ◆ particleillusion 制作粒子特效背景
- ◆ 视频格式转换
- ◆ 闪客之锤编辑 Flash 动画长度

# 112

## 应用自制相框

会声会影中提供的边框素材远远不能满足我们的需求，如何将自己喜欢的图片做成相框呢？本实例中将具体介绍用 Photoshop 软件自制相框的操作方法。

素材文件：DVD\ 素材 \ 第 10 章 \ 例 112

视频文件：DVD\ 视频 \ 第 10 章 \ 例 112.mp4

01 运行 Photoshop 软件，执行【文件】|【打开】命令，打开一张图片（相框 .jpg），如下图所示。

02 展开"图层"面板，双击背景图层，在弹出的对话框中输入"相框"名称，如下图所示，然后单击"确定"按钮完成设置。

03 选择"工具箱"中的"快速选择"工具，如下图所示。

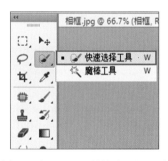

04 在图片的合适位置单击鼠标确定选区，按住 Shift 键不放，添加选区，如下图所示。

05 选区选好后，按 Delete 键将选区部分删除，如下图所示。

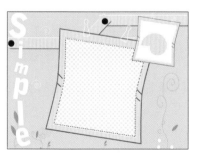

06 按快捷键 Ctrl+D 键取消选区，然后执行【文件】|【储存为】命令，如下图所示。

**07** 弹出对话框，设置文件名称，在"格式"下拉列表中选择"PNG（*PNG）"选项，如下图所示。然后单击"保存"按钮输出图像。

**08** 运行会声会影 X9，在视频轨中插入一张素材图片（人物 .jpg）。将前面保存的边框素材添加到覆叠轨中，如下图所示。

**09** 在预览窗口中单击鼠标右键，执行【调整到屏幕大小】命令，如下图所示。

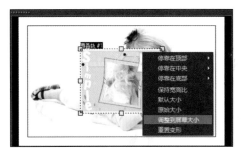

**10** 操作完成后，在预览窗口可预览最终效果，如下图所示。

提示：有些颜色较复杂的相框用魔棒功能很难将图像精确抠取下来，这时可以通过通道来选择需要删除的部分。

# 113

# Photoshop 自制遮罩素材

Photoshop 是一款强大的图像处理软件，我们不但可以用它来制作边框素材，还可以用来制作遮罩图像。在本实例中将具体介绍遮罩素材的自制方法。

 素材文件：DVD\ 素材 \ 第 10 章 \ 例 113

 视频文件：DVD\ 视频 \ 第 10 章 \ 例 113.mp4

**01** 在 Photoshop 中执行【文件】|【打开】命令，打开一张素材图像（相框 .jpg），如下图所示。

**02** 执行【图像】|【模式】|【灰度】命令，如下图所示。

**03** 执行【图像】|【调整】|【反相】命令，如下图所示。

**04** 按Ctrl+L快捷键，打开"色阶"对话框，设置输入"色阶"参数为 0、1、205，如下图所示。单击"确定"按钮关闭对话框。

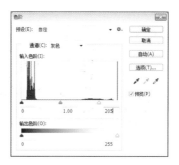

**05** 执行【文件】|【存储为】命令，如下图所示。

**06** 在弹出的对话框中设置存储路径及文件名，如下图所示。

**07** 进入会声会影编辑器，在视频轨中插入一张素材图像（背景 .jpg），如下图所示。

**08** 展开"选项"面板，在"重新采样选项"的下拉列表中选择"调到项目大小"选项，如下图所示。

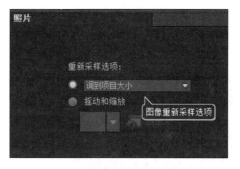

**09** 在覆叠轨中插入一张素材（图像 .jpg），如下图所示。

**10** 选中覆叠轨中的素材，展开"选项"面板，单击"遮罩和色度键"按钮，如下图所示。

**11** 选中"应用遮罩选项"复选框，在"类型"下拉列表中选择"遮罩帧"选项，如下图所示。

**12** 单击"添加遮罩帧"按钮，如下图所示。

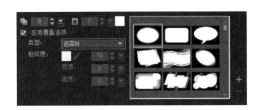

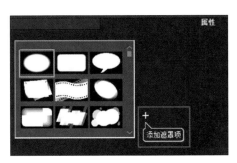

**13** 添加自制的遮罩图像，弹出提示对话框，单击"确定"按钮，如下图所示。

**14** 自制的遮罩素材就添加到了遮罩素材库中，并应用到覆叠轨的素材上，在预览窗口调整素材的大小，查看预览效果，如下图所示。

提示：遮罩的原理是在图像黑色区域的部分透明度为0%，而在白色区域的部分透明度为100%。在自制遮罩的过程中可根据自己需要调整色阶的黑白灰参数。

# 114

# 制作卡拉 OK 歌词渐变字幕

Sayatoo 软件能制作出歌词的渐变效果。在本实例中将具体介绍歌词渐变字幕的制作。

 素材文件：DVD\ 素材 \ 第 10 章 \ 例 114

 视频文件：无

01 运行 Sayatoo 软件,执行【文件】|【导入歌词】命令添加歌词文件(歌词 .txt),如下图所示。

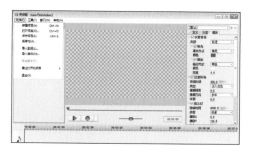

02 执行【文件】|【导入媒体】命令添加音乐文件(DVD\ 素材 \ 第 10 章 \ 例 114\ 传奇 .mp3),如下图所示。

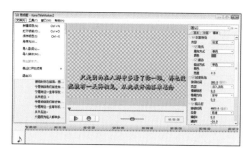

03 单击"录制歌词"按钮,如下图所示。

04 在弹出的对话框中选中"自动填充字间间隔"复选项,然后单击"开始录制"按钮,如下图所示。

05 在"字幕属性"选项卡中的"排列"下拉列表中选择"双行",在"字体名称"下拉列表中选择"楷体",如下图所示。

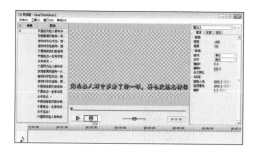

06 进入"模板特效"选项卡,在"模板"下拉列表中选择"标准"渐变效果,如下图所示。

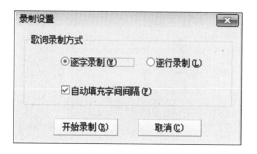

07 执行【文件】|【另存为】命令,将制作好的字幕文件保存,如下图所示。

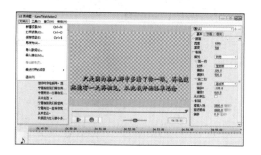

08 执行【工具】|【生成虚拟视频】命令,如下图所示。

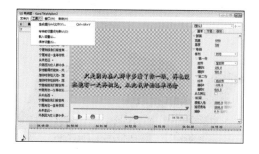

**09** 在弹出的对话框中，单击"浏览"按钮，选择浏览前面保存的项目文件，如下图所示。

**10** 单击"开始生成"按钮，在弹出的提示对话框中单击"确定"按钮，如下图所示。

**11** 进入会声会影编辑器，在视频轨中插入视频素材，如下图所示。

**12** 将前面保存的文件转换为 wmv 格式视频，然后在覆叠轨中添加转换格式后的文件（字幕文件 .wmv），并调整区间使之与视频轨上的区间一致，如下图所示。

**13** 选中视频轨上的素材，展开"选项"面板，切换至"属性"选项卡，选中"变形素材"复选框，如下图所示。

**14** 在预览窗口单击鼠标右键，执行【调整到屏幕大小】命令，如下图所示。

**15** 选中覆叠轨上的素材，在预览窗口中调整到合适的大小及位置，如下图所示。

**16** 单击导览面板中的播放按钮，即可预览最终效果，如下图所示。

# 115

## particleillusion 制作粒子特效

particleillusion 是一款粒子效果与图像合成软件，它操作简单、效果丰富，可以快速制作各种令人惊叹的动画效果，将该软件与会声会影结合使用，可制作出更加出色的作品。

素材文件：DVD\ 素材 \ 第 10 章 \ 例 115

视频文件：DVD\ 视频 \ 第 10 章 \ 例 115

**01** 运行 particleillusion 软件，执行【查看 】【 参数设置 】命令，如下图所示。

**02** 弹出"参数设置"对话框，设置"帧数"参数为200，单击"确定"按钮完成设置，如下图所示。

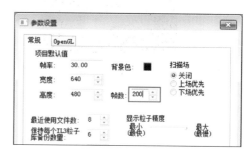

**03** 返回到 particleillusion 面板中，在右下角的粒子库中选择 Space Jellyfish2 粒子，然后在设计窗口中单击鼠标创建粒子，如下图所示。

**04** 单击工具栏上的"选择"按钮，设置"当前帧"为 30，并在设计窗口中移动粒子建立路径节点，如下图所示。

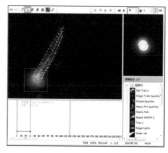

**05** 设置"当前帧"为 60，在设计窗口中继续移动粒子，建立新的节点，如下图所示。

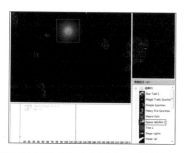

**06** 使用相同的方法，每间隔 30 帧创建一个节点，创建由 6 个节点组成的路径，如下图所示。

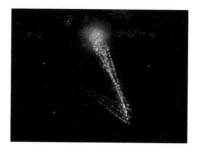

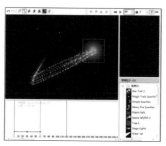

**07** 单击节点,依次微调每个位置的节点,使路径成为一个标准的星形,如下图所示。

**08** 在参数面板中选中"生命",设置"参数设置"面板中的"生命"数值为 360,如下图所示。

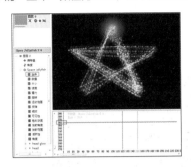

**09** 在参数面板中选中"数量",设置"参数设置"面板中的"数量"为 320,如下图所示。

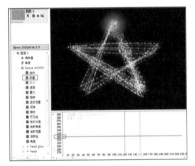

**10** 在参数面板中选中"大小",设置"参数设置"面板中的"大小"为 240,如下图所示。

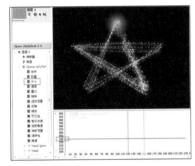

**11** 执行【动作】|【保存输出】命令,如下图所示。

**12** 在弹出的"另存为"对话框中指定文件的保存类型为"AVI 文件 (*.AVI)",选择存储路径,单击"保存"按钮,如下图所示。

**13** 弹出"AVI 选项"对话框,单击"确定"按钮,如下图所示。

**14** 在弹出的"输出选项"对话框中设置结束帧为 300,单击"确定"按钮,如下图所示,完成输出操作。

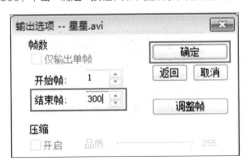

15 打开会声会影编辑器，在项目时间轴的覆叠轨上插入刚输出的视频文件"星星 .avi"，如下图所示。

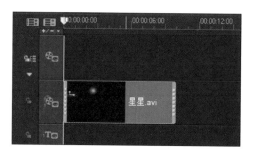

16 在预览窗口中单击鼠标右键，执行【调整到屏幕大小】命令，然后再次单击鼠标右键执行【保持宽高比】命令，如下图所示。

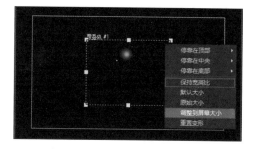

17 单击"标题"按钮，进入"标题"素材库，选中第三个预设标题，拖动到标题轨中，如下图所示。

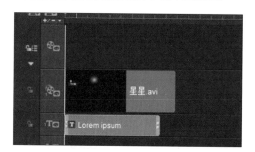

18 在预览窗口双击标题素材，修改标题内容，如下图所示。

19 进入"选项"面板，设置区间为 10 秒，选择字体为 Ravie，设置字体大小的参数为 30，如下图所示。

20 单击"播放"按钮▶，查看最终效果，如下图所示。

# 116

## 视频格式转换

会声会影并不能识别所有格式的视频文件，这时候就需要将视频格式进行转换。在本实例中将介绍用狸窝对视频格式进行转换。

 素材文件：DVD\ 素材 \ 第 10 章 \ 例 116

 视频文件：DVD\ 视频 \ 第 10 章 \ 例 116.mp4

**01** 进入会声会影编辑器，在视频轨中单击鼠标右键，执行【插入视频】命令，插入一段视频文件（原视频 .f4v）如下图所示。

**02** 弹出提示对话框，如下图所示，单击"确定"按钮。

**03** 运行狸窝全能视频转换器，进入编辑界面，如下图所示。

**04** 单击界面右上角的"添加视频"按钮，将原视频素材添加到编辑面板中，如下图所示。

**05** 单击"预设方案"右侧的下三角按钮，在下拉列表中选择"MP4-MPEG-4 Video(*.mp4)"格式，如下图所示。

**06** 单击"输出目录"右侧的文件夹按钮，选择文件存储的路径，如下图所示。

**07** 单击"转换"按钮，开始转换视频，如下图所示。

**08** 视频渲染完成后，单击"关闭"按钮，回到存储路径文件夹，可以看到原视频文件和已经转换完成的视频文件，如下图所示。

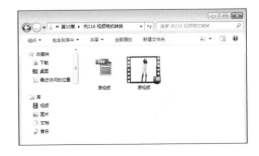

**09** 回到会声会影编辑器，在视频轨中插入转换后的视频素材（原视频 .mp4），如下图所示。

**10** 展开"选项"面板，切换至"属性"选项卡，选中"变形素材"复选框，在预览窗口中调整素材大小及位置，如下图所示。

**11** 单击导览面板中的"播放"按钮，即可预览最终效果，如下图所示。

 提示：视频格式转换软件有很多种，用户可以根据自己习惯及爱好来选择使用视频格式转换器。

# 117

## 闪客之锤编辑 Flash 动画

会声会影 X9 支持多数 Flash 动画，但还是存在部分从网上下载的 Flash 素材插入到会声会影后只能播放一帧的情况。在本节中将介绍如何使用闪客之锤软件来自定义 Flash 影片素材的时间长度方法。

 素材文件：DVD\ 素材 \ 第 10 章 \ 例 117

 视频文件：DVD\ 视频 \ 第 10 章 \ 例 117.mp4

**01** 进入会声会影 X9，在覆叠轨中插入文件（花开 .swf），如下图所示。

**02** 运行闪客之锤软件，执行【文件】|【打开】命令，在弹出的"打开"对话框中找到先前的 Flash 文件，单击"打开"按钮，如下图所示。

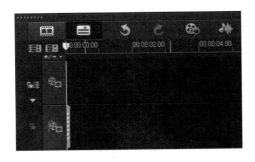

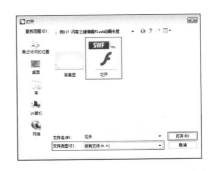

**03** 在界面右下方的"属性"面板中修改"帧频率"的数值为 5，如下图所示。

**04** 在第 50 帧左右单击鼠标右键，执行【插入帧】命令，如下图所示。

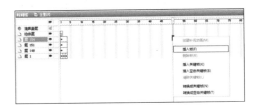

**05** 用同样的方法延长后面的关键帧。执行【文件】|【导出影片】命令，如下图所示。在弹出的"导出"对话框中单击"保存"按钮，完成制作。

**06** 进入会声会影编辑器，在视频轨中插入图片"背景图 .jpg"，如下图所示。

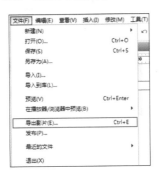

**07** 在覆叠轨中插入编辑好长度的 Flash 文件，并调整视频轨素材区间长度跟 Flash 文件长度一致，如下图所示。

**08** 在预览窗口中调整素材的大小及位置，最终效果如下图所示。

# 第11章

## 广告制作——时尚家居广告

　　广告是通过媒体公开而广泛向公众传递信息的宣传手段。在今天，广告与人几乎形影不离，像空气一样无处不在。在会声会影中，我们也能轻松地制作出不一样的广告片。本章将要制作的是时尚家居广告宣传片。

◆ 运用转场和滤镜效果制作视频
◆ 添加标题字幕
◆ 添加音频文件

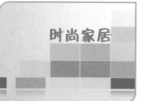

# 118

## 视频制作

将素材运用会声会影进行编辑，并添加转场效果制作出广告视频。

 素材文件：DVD\ 素材 \ 第 11 章

 视频文件：DVD\ 视频 \ 第 11 章 \ 例 118.mp4

**01** 进入会声会影 X9，从媒体视频素材库中选择素材（SP-V17.wmv），并将其拖到视频轨中，如下图所示。

**02** 展开"选项"面板，设置 "区间"参数为 6 秒 13 帧，"重新取样选项"为"保持宽高比（无字母框）"，如下图所示。

**03** 在视频轨中插入素材（01.MP4），如下图所示。

**04** 展开"选项"面板，设置"区间"参数为 6 秒，"重新取样选项"为"保持宽高比（无字母框）"，如下图所示。

**05** 单击"转场"按钮，在画廊下拉列表中选择"遮罩"类别，选择"遮罩 C"转场效果，将其拖到素材（SP—V17.wmv）和素材（01.MP4）之间，如下图所示。

**06** 在覆叠轨 1 中 6 秒 13 帧的位置插入素材（1.jpg），展开"选项"面板，切换至"编辑"选项卡，设置其"区间"参数为 3 秒 11 帧，如下图所示。

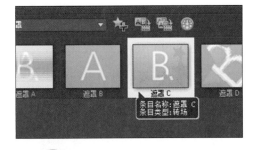

**07** 切换至"属性"选项卡,单击"遮罩和色度键"按钮,如下图所示。

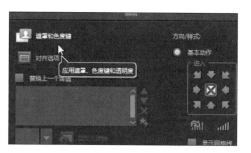

**08** 勾选"应用覆叠选项"复选框,选取覆叠类型为"色度键",如下图所示。

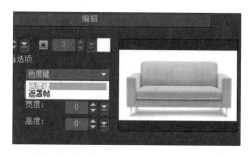

**09** 在预览窗口调整素材的大小和位置,如下图所示。

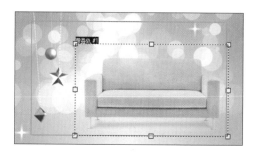

**10** 在"选项"面板中设置"方向 / 样式"为"从右边进入",如下图所示。

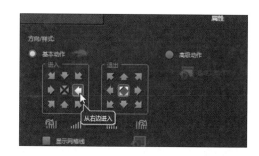

**11** 在覆叠轨 1 中 9 秒 24 帧位置插入素材(2.jpg),如下图所示。

**12** 单击"转场"按钮,选择"过滤"类别,选择"随机"转场效果,如下图所示,将其拖到(1.jpg)和(2.jpg)素材中间。

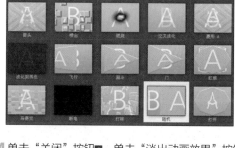

**13** 选择素材(2.jpg),展开"选项"面板,单击"遮罩和色度键"按钮,然后设置边框为 1,颜色为黄色,结果如下图所示。

**14** 单击"关闭"按钮🔘。单击"淡出动画效果"按钮,如下图所示。

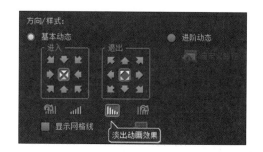

**15** 在视频轨中 11 秒 16 帧的位置，插入视频素材（02. MP4），如下图所示。

**17** 单击"转场"按钮，选择"遮罩"类别，选择"遮罩 A"转场效果，如下图所示，并将其拖到素材（01. MP4）和素材（02.MP4）之间。

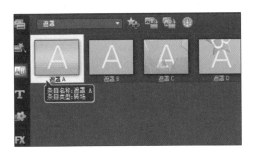

**19** 单击"色彩校正"按钮，设置"色调"为 –60，"饱和度"为 –41，"亮度"为 –21，如下图所示。

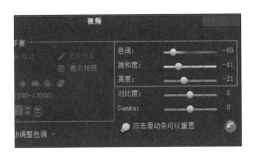

**21** 在覆叠轨 1 中 11 秒 16 帧的位置，插入素材（3.jpg），覆叠轨 2 中插入素材（4.jpg），如下图所示。

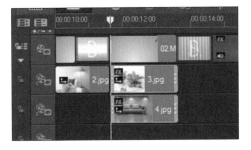

**16** 展开"选项"面板，设置"区间"参数为 4 秒，"重新取样选项"为"保持宽高比（无字母框）"，如下图所示。

**18** 在视频轨中 14 秒 16 帧的位置插入素材（wm102. wmv），并在"选项"面板中设置"视频区间"为 7 秒 07 帧，"重新取样选项"为"保持宽高比（无宽屏幕）"，如下图所示。

**20** 单击"转场"按钮，选择"擦拭"类别，选择"百叶窗"转场效果，如下图所示，并将其拖到素材（02. MP4）和素材（wm102.wmv）之间。

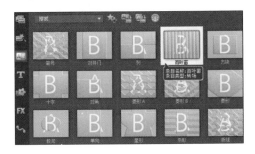

**22** 在预览窗口调整素材（3.jpg）和素材（4.jpg）的大小及位置，如下图所示。

**23** 选择素材（3.jpg），展开"选项"面板，单击"从上方进入按钮"和"淡入动画效果"按钮，如下图所示。

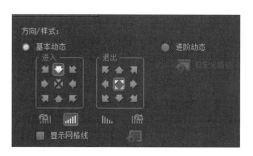

**24** 单击"遮罩和色度键"按钮，在展开的面板中设置"边框"为 1，"边框色彩"为绿色，如下图所示。

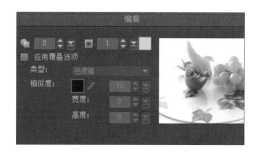

**25** 单击"滤镜"按钮，选择"调整"类别，选择"视频摇动和缩放"滤镜，如下图所示，并将其拖到素材（3.jpg 和 4.jpg）上。

**26** 单击"属性"选项卡中的"自定义滤镜"按钮，在弹出的对话框中选择第 1 个关键帧，设置"缩放率"为 112%，并调整中心点的位置，如下图所示。

**27** 把鼠标拖到第 2 个关键帧，然后设置"缩放率"为 146%，并调整中心点的位置，如下图所示。单击"确定"按钮完成设置。

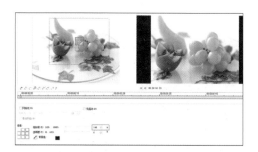

**28** 选择素材（4.jpg），在选项面板中单击"遮罩和色度键"按钮，在展开的面板中设置"边框"为 1，"边框色彩"为白色，如下图所示。

**29** 单击"关闭"按钮。单击"自定义滤镜"按钮，在弹出的对话框中选择第 1 个关键帧，设置"缩放率"为 112%，并调整中心点的位置，如下图所示。

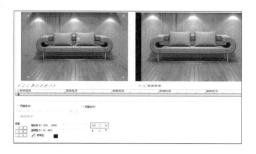

**30** 拖动滑块到第 2 个关键帧，设置"缩放率"为 146%，并调整中心点的位置，如下图所示。单击"确定"按钮完成设置。

**31** 在导览面板中调整素材（3.jpg）和素材（4.jpg）的暂停区间，如下图所示。

**32** 在覆叠轨 1 中 13 秒 16 帧的位置，插入素材（5.jpg），覆叠轨 2 中插入素材（6.jpg），如下图所示。

**33** 在预览窗口中调整素材（5.jpg）和素材（6.jpg）的大小及位置，如下图所示。

**34** 双击素材（5.jpg），展开"选项"面板，单击"遮罩和色度键"按钮，在展开的面板中设置"边框"为 1，"边框色彩"为白色，如下图所示。

**35** 单击"关闭"按钮。在"方向/样式"选项中单击"从左边进入"和"从上方退出"按钮，如下图所示。

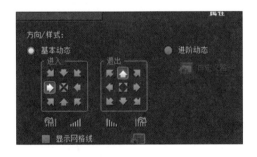

**36** 双击素材（6.jpg），展开"选项"面板，单击"遮罩和色度键"按钮，设置"边框"为 1，"边框色彩"为绿色，如下图所示。

**37** 单击"关闭"按钮。在"方向/样式"选项中单击"从右边进入"和"从下方退出"按钮，如下图所示。

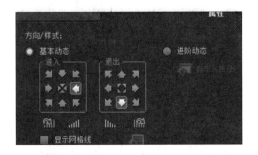

**38** 在导览面板中调整素材（5.jpg）和素材（6.jpg）的暂停区间，如下图所示。

**39** 在覆叠轨 1 中 16 秒 16 帧的位置，插入素材（7.jpg），在预览窗口调整大小及位置，然后在"编辑"选项面板中设置"区间"参数为 4 秒 07 帧，如下图所示。

**40** 单击"滤镜"按钮，选择"NewBlue 视频精选 2"类别，选择"画中画"滤镜，如下图所示，并将其拖到素材（7.jpg）上。

**41** 在选项面板中单击"自定义滤镜"按钮，在弹出的对话框中选择第 1 个关键帧，设置"X"为 –100，"Y"为 –100，"大小"为 40，如下图所示。

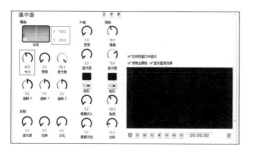

**42** 将滑块移到 1 秒的位置，设置"X"为 –2.3，"Y"为 –2.3，"大小"为 100，如下图所示。

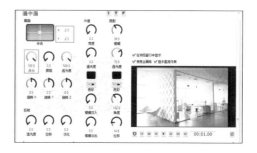

**43** 按 Ctrl+C 组合键复制关键帧，将滑块移到 2 秒的位置，按 Ctrl+V 组合键粘贴关键帧，如下图所示。

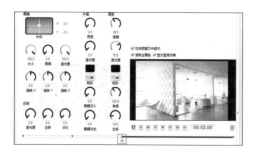

**44** 将滑块移到最后一个关键帧，设置"X"参数为 –16.3，"Y"参数为 –16.3，"大小"参数为 0，如下图所示。单击"确定"按钮完成设置。

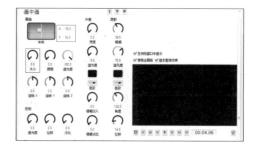

**45** 返回选项面板，在"方向/样式"选项中单击"淡出动画效果"按钮，如下图所示。

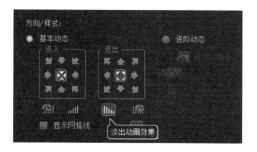

**46** 单击"遮罩和色度键"按钮，在展开的面板中设置"边框"为 1，"边框色彩"为白色，如下图所示。

**47** 在覆叠轨 2 中 17 秒 23 帧的位置，插入素材（8.jpg），在预览窗口调整大小及位置，如下图所示。

**48** 同样，为素材（8.jpg）添加"画中画"滤镜，然后在选项面板中单击"自定义滤镜"按钮，如下图所示。

**49** 打开对话框，在第 1 个关键帧处设置"X"参数为 100，"Y"参数为 100，"大小"参数为 0，如下图所示。

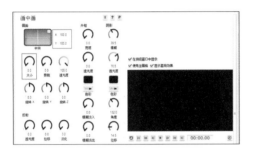

**50** 将鼠标滑块移到 1 秒的位置，设置"X"参数为 0，"Y"参数为 -2.3，"大小"参数为 100，如下图所示。

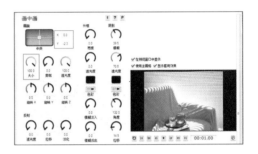

**51** 按 Ctrl+C 组合键复制关键帧。将滑块移到 1 秒 24 帧的位置，按 Ctrl+V 组合键粘贴关键帧，如下图所示。

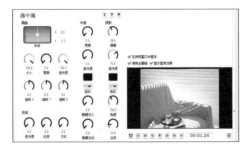

**52** 将滑块移到最后一个关键帧，设置"X"参数为 -100，"Y"参数为 -70，"大小"参数为 0，如下图所示。单击"确定"按钮完成设置。

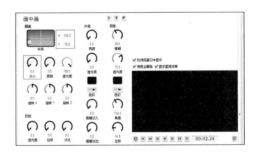

**53** 返回选项面板，在"方向 / 样式"选项中单击"淡出动画效果"按钮，如下图所示。

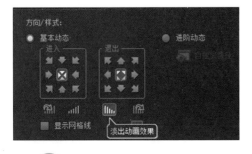

**54** 单击"遮罩和色度键"按钮，在展开的面板中设置"边框"为 1，"边框色彩"为绿色，如下图所示。

**55** 在视频轨中 20 秒 23 帧的位置，插入素材"wm407. wmv"，在"视频"选项面板中调整 "区间"参数为 5 秒 16 帧，如下图所示。

**56** 设置"重新取样选项"为"保持宽高比（无字母框）"，如下图所示。

**57** 单击"转场"按钮，选择"时钟"类别，选择"扭曲"转场效果，如下图所示，将其拖到素材（wm102. wmv）和素材（wm407.wmv）之间。

**58** 在覆叠轨 2 中 24 秒的位置，插入素材（9.jpg），在预览窗口单击鼠标右键，执行【调整到屏幕大小】和【保持宽高比】命令，结果如下图所示。

**59** 同样，分别在覆叠轨 3 中 25 秒 23 帧的位置插入素材（10.jpg），覆叠轨 2 中 27 秒 22 帧的位置插入素材（11.jpg），并在预览窗口调整到屏幕大小，如下图所示。

**60** 双击覆叠轨 2 中素材（9.jpg），展开"选项"面板，单击"从右边进入"和"从左边退出"按钮，如下图所示，然后对覆叠轨 3 中的素材（10.jpg）和覆叠轨 2 中的素材（11.jpg）进行相同操作。

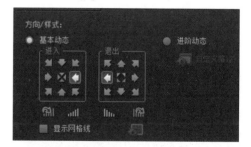

**61** 在视频轨 25 秒 14 帧的位置插入素材（03. MP4），如下图所示。

**62** 双击视频轨中的素材（03.MP4），展开"选项"面板，在"视频"选项卡设置"区间"参数为 9 秒 24 帧，"重新取样选项"为"保持宽高比（无字母框）"，如下图所示。

# 119

## 添加标题字幕

为编辑完成的视频添加标题字幕，使影片更加生动活泼。本实例将具体介绍添加标题字幕效果的方法。

 素材文件: DVD\ 素材 \ 第 11 章

 视频文件: DVD\ 视频 \ 第 11 章 \ 例 119.mp4

**01** 单击"标题"按钮，在"标题"素材库中选择条目"Lorem ipsum"，并将其拖到标题轨 2 上，如下图所示。

**02** 双击标题素材，然后在预览窗口中双击鼠标，更改标题的内容，如下图所示。

**03** 展开"选项"面板，设置"区间"参数为 1 秒 22 帧，"字体大小"为 50，"色彩"为红色，如下图所示。

**04** 在预览窗口调整标题的位置，如下图所示。

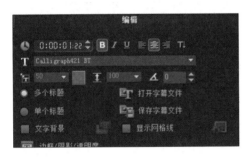

**05** 单击"标题"按钮，在"标题"素材库中选择条目"Lorem ipsum"，如下图所示，并将其拖到标题轨 1 上的 2 秒 16 帧位置。

**06** 双击标题素材，然后在预览窗口中双击鼠标，更改标题的内容为"时尚家居"，如下图所示。

**07** 展开"选项"面板，设置"区间"参数为 3 秒，"字体"为方正毡笔黑简体，"字体大小"为 70，"色彩"为蓝色，如下图所示。

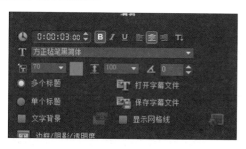

**08** 在预览窗口调整标题的位置，如下图所示。

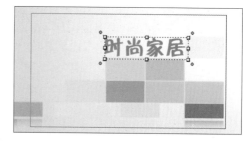

**09** 单击"标题"按钮，在"标题"素材库中选择条目"Lorem ipsum"，如下图所示，并将其拖到标题轨 1 上的 6 秒 13 帧位置。

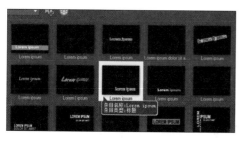

**10** 双击标题素材，然后在预览窗口中双击鼠标，更改标题的内容为"Leisure sofa"，如下图所示。

**11** 展开"选项"面板，在"编辑"选项卡中设置"区间"参数为 2 秒 21 帧，"字体大小"为 55，"色彩"为蓝色，如下图所示。

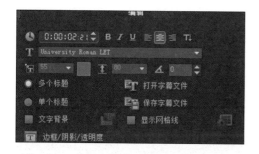

**12** 单击"边框 / 阴影 / 透明度"按钮，在弹出对话框中切换到"阴影"选项卡，然后单击"无阴影"，如下图所示。

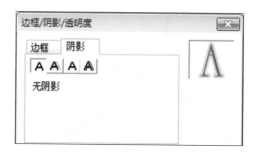

**13** 单击"确定"按钮完成设置，然后在预览窗口调整标题的位置，如下图所示。

**14** 选中标题轨 1 中的素材"Leisure sofa"，单击鼠标右键，执行【复制】命令，并将复制的素材粘贴到原素材的后面，在"选项"面板中的"编辑"选项卡，设置"区间"参数为 2 秒 1 帧，如下图所示。

**15** 切换至"属性"选项卡，取消勾选"应用"选项，如下图所示。

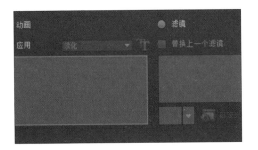

**17** 展开"选项"面板，设置"区间"参数为 2 秒 6 帧，"字体大小"为 45，"色彩"为绿色，如下图所示。

**19** 复制标题轨 1 中的标题"Green Home Furni shing"，并将其粘贴至其后，修改字幕内容为"Yellow Home Furnishing"，如下图所示。

**21** 单击"标题"按钮，在"标题"素材库中选择条目"Lorem ipsum"，如下图所示，并将其拖到标题轨 2 上的 15 秒 22 帧位置。

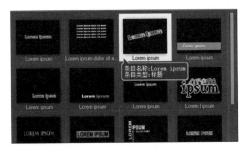

**16** 再次复制标题轨 1 中的第 2 个标题素材，将其粘贴至 11 秒 10 帧的位置，并修改字幕内容为"Green Home Furnishing"，如下图所示。

**18** 单击"边框 / 阴影 / 透明度"按钮，在弹出的对话框中设置"边框宽度"为 10，"线条色彩"为白色，如下图所示。单击"确定"按钮完成设置。

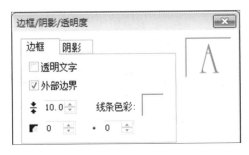

**20** 展开"选项"面板，设置"区间"参数为 2 秒 6 帧，"字体"为方正舒体简体，"字体大小"为 45，"色彩"为黄色，然后勾选"文字背景"复选框，如下图所示。

**22** 双击标题素材，然后在预览窗口中双击鼠标，更改标题的内容为"Blue Home Furnishing"，如下图所示。

**23** 展开"选项"面板，在设置"区间"参数为 4 秒 9 帧，"字体大小"为 45，"色彩"为蓝色，如下图所示。

**24** 在预览窗口调整标题的位置，如下图所示。

**25** 复制标题轨 1 中的素材"Yellow Home Furni shing"，并将复制的素材粘贴至 23 秒 24 帧的位置，修改字幕内容为"Red Home Furnishing"，如下图所示。

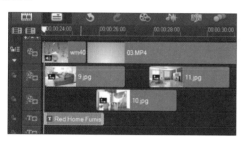

**26** 展开"选项"面板，设置"区间"参数为 5 秒 17 帧，"色彩"为红色，如下图所示。

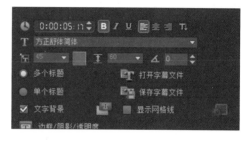

**27** 单击"边框 / 阴影 / 透明度"按钮，在弹出的对话框中设置"边框宽度"为 7，"线条色彩"为白色，如下图所示。单击"确定"按钮完成设置。

**28** 复制标题轨 2 中的第 1 个素材，并将复制的素材粘贴至标题轨 1 中 30 秒 22 帧的位置，修改字幕内容为"时尚家居"，如下图所示。

**29** 展开"选项"面板，在"编辑"选项卡中设置"区间"参数为 4 秒 16 帧，字体为"方正毡笔黑简体"，"字体大小"为 70，"色彩"为蓝色，如下图所示。

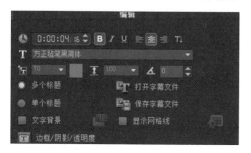

**30** 在预览窗口调整标题的位置，如下图所示。

**31** 单击"标题"按钮,在"标题"素材库中选择条目"Lorem ipsum",如下图所示,并将其拖到标题轨 2 上的 30 秒 22 帧位置。

**32** 双击标题素材,然后在预览窗口中双击鼠标,更改标题的内容为"Fashion Home Furnishing",如下图所示。

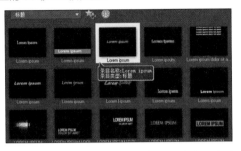

**33** 展开"选项"面板,在"编辑"选项卡中设置"区间"参数为 4 秒 16 帧,"字体大小"为 25,"色彩"为红色,如下图所示。

**34** 在预览窗口调整标题的位置,如下图所示。

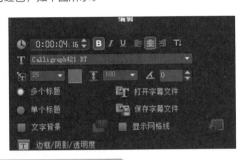

# 120

## 添加音频文件

为编辑好的视频添加音频文件,使视觉与听觉更加融合统一。本实例将具体介绍如何添加音频效果。

 素材文件:DVD\ 素材 \ 第 11 章

 视频文件:DVD\ 视频 \ 第 11 章 \ 例 120.mp4

**01** 在时间轴中单击鼠标右键,执行【插入音频】|【到音乐轨】命令,如下图所示,插入音频文件(09 _ Track _ 09.mp3)。

**02** 拖动飞梭到 35 秒 13 帧的位置,然后单击导览面板中的"按照飞梭栏的位置分割素材"按钮,此时音乐轨上的素材被分为两部分,如下图所示,按 Delete 键将第 2 段素材删除。

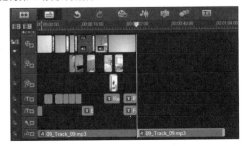

**03** 展开"选项"面板,单击"淡出"按钮,如右图所示。至此,时尚家居广告制作完成,单击导览面板中的"播放"按钮,预览最终效果。

 提示:本实例中只添加了背景音乐,用户可以自己录制画外音然后导入编辑,完善整个广告的制作

# 第12章

## 栏目片头——人文社会

片头，是一种过渡，为观众预热的同时吸引观众的注意力。而栏目包装更是一种在传媒竞争激烈的今天，为赢得市场，建立品牌形象的重要手段。

用会声会影也能制作影视片头和栏目包装，虽然所用素材非常简单，但是只要能发挥创造力和熟悉软件的功能和操作，也能制作出一流的视频作品。

◆ 运用转场和滤镜效果制作栏目片头
◆ 添加标题字幕
◆ 添加音频文件

# 121

## 视频制作

对素材进行编辑，添加转场效果及滤镜效果制作出栏目片头的视频。本实例中将具体介绍栏目片头的视频制作。

 素材文件：DVD\ 素材 \ 第 12 章

 视频文件：DVD\ 视频 \ 第 12 章 \ 例 121.mp4

**01** 进入会声会影 X9，执行【设置】|【参数选择】命令，如下图所示。

**02** 切换至"编辑"选项卡，在"图像重新采样选项"下拉列表中选择"保持宽高比（无字母框）"选项，如下图所示。单击"确定"按钮完成设置。

**03** 在视频轨中插入五张素材图片（1-5.jpg），如下图所示。

**04** 单击"转场"按钮，选择"过滤"类别，选择"淡化到黑色"转场，如下图所示，并将其拖动到视频轨素材 1 与素材 2 之间。

**05** 选择"交叉淡化"转场，如下图所示，并将其拖动到视频轨中素材 2 与素材 3 之间。

**06** 选择"NewBlue 样品转场"类别，选择"3D 彩屑"转场，如下图所示，并将其拖动到视频轨中素材 3 与素材 4 之间。

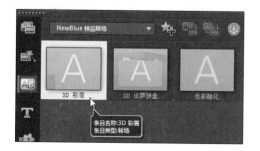

**07** 选择"过滤"类别，选择"溶解"转场，如下图所示，并将其拖动到视频轨中的素材 4 与素材 5 之间。

**08** 选中视频轨中的素材 1，展开"选项"面板，单击"摇动和缩放"单选按钮，然后单击"自定义"按钮，如下图所示。

**09** 弹出"摇动和缩放"对话框，选中第 2 个关键帧，设置"缩放率"参数为 145，然后调整十字中心点位置，如下图所示。最后单击"确定"按钮完成设置。

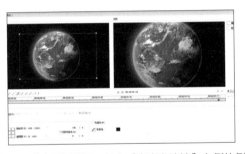

**10** 单击"滤镜"按钮，选择"相机镜头"类别，选择"镜头闪光"滤镜，如下图所示。将其拖动到视频轨中的素材 1 上。

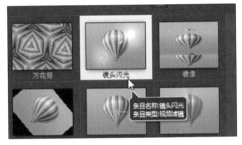

**11** 展开"选项"面板，单击"自定义滤镜"左侧的倒三角按钮，选择合适的滤镜预设效果，如下图所示。

**12** 单击"自定义滤镜"按钮，在弹出的对话框中拖动中心点到合适的位置，如下图所示。单击"确定"按钮完成设置。

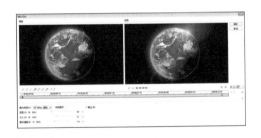

# 122

## 添加标题字幕

为编辑好的视频添加标题字幕，使影片更加生动活泼。本实例中将具体介绍添加标题的过程。

 素材文件：DVD\素材\第 12 章

 视频文件：DVD\视频\第 12 章\例 122.mp4

**01** 单击"标题"按钮，切换至"标题"素材库，选择合适的标题样式，如下图所示，并将其拖动到标题轨中。

**02** 在预览窗口中选中标题，在"编辑"选项面板中设置"区间"参数为 2 秒，"字体大小"参数为 70，"颜色"为白色，如下图所示。

**03** 单击"边框/阴影/透明度"按钮，弹出对话框，在"边框"选项卡中设置"边框宽度"参数为 0，如下图所示。

**04** 切换至"阴影"选项卡，单击"突起阴影"按钮，设置"X"和"Y"的参数均为 5.0，设置"颜色"为黑色，如下图所示。最后单击"确定"按钮完成设置。

**05** 在预览窗口中修改字幕内容并调整素材位置，如下图所示。

**06** 切换至"属性"选项卡，然后在导览面板中调整暂停区间，如下图所示。

**07** 在标题轨 2 中单击鼠标，在预览窗口中双击鼠标，输入字幕内容并调整素材位置，如下图所示。

**08** 在"编辑"选项卡中设置"字体"为楷体-GB2312，如下图所示。

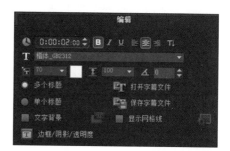

**09** 切换至"属性"选项卡，在"选取动画类型"下拉列表中选择"淡化"类别，如下图所示。

**10** 选中标题轨 1 中的素材，单击鼠标右键，执行【复制】命令，如下图所示。

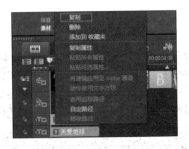

**11** 将复制的素材粘贴到 2 秒 15 的位置，在预览窗口中双击鼠标修改字幕内容，如下图所示。

**12** 选中标题轨 2 中的素材，单击鼠标右键，执行【复制】命令，并将复制的素材粘贴到 2 秒 15 帧的位置。在预览窗口中双击鼠标修改字幕内容，如下图所示。

**13** 选中标题轨 1 中的素材 2，单击鼠标右键，执行【复制】命令，并将复制的素材粘贴到原素材的后面，在预览窗口中修改字幕内容并调整素材的位置，如下图所示。

**14** 进入"编辑"选项卡，设置"区间"参数为 1 秒 5 帧，如下图所示。

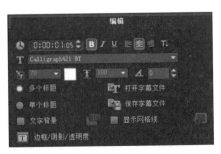

**15** 选中标题轨 2 中的素材 2，单击鼠标右键，执行【复制】命令，并将复制的素材粘贴到原素材的后面。在预览窗口中修改字幕内容，如下图所示。

**16** 进入"编辑"选项卡，设置"区间"参数为 1 秒 5 帧，如下图所示。

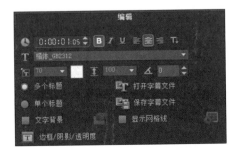

**17** 在标题轨 1 中 7 秒的位置单击鼠标，然后在预览窗口中双击鼠标，输入字幕内容，如下图所示。

**18** 在"编辑"选项卡中设置"字体"为华文行楷，"字体大小"参数为 70，如下图所示。

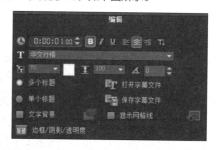

**19** 单击"边框 / 阴影 / 透明度"按钮，切换至"阴影"选项卡，单击"下垂阴影"按钮，设置"X"参数为7.0，"Y"参数为 5.0，"颜色"为黑色，如下图所示。单击"确定"按钮完成设置。

**20** 切换至"属性"选项卡，选中"应用"复选框，在"选取动画类型"下拉列表中选择"淡化"类别，并选择合适的动画预设效果，如下图所示。

**21** 在导览面板中调整暂停区间，如下图所示。

**22** 选中标题轨中的素材 4，单击鼠标右键，执行【复制】命令，将其粘贴到标题轨 2 中相同的位置。在预览窗口中修改字幕内容并调整素材的位置，用同样的方法，调整素材的暂停区间。

# 123

## 添加音频文件

为编辑好的视频添加音频文件，使视觉与听觉更加融合统一。本实例中将具体介绍添加音频的方法。

 素材文件：DVD\ 素材 \ 第 12 章

 视频文件：DVD\ 视频 \ 第 12 章 \ 例 123.mp4

**01** 在时间轴中单击鼠标右键，执行【插入音频】|【到声音轨】命令，如下图所示。在音乐轨中插入一段音频素材（音乐 .wmv）。

**02** 拖动飞梭到 11 秒的位置，然后单击导览面板中的"根据滑块位置分割素材"按钮，此时声音轨上的素材被分为两部分，如下图所示。按 Delete 键将第 2 段素材删除。

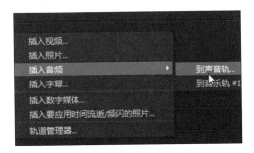

**03** 选中声音轨中音频素材，展开"选项"面板，单击"淡入"和"淡出"按钮，结果如下图所示。

**04** 单击时间轴上的"混音器"按钮，切换至混音器视图，通过音频的音量调节线来调节音量，如下图所示。

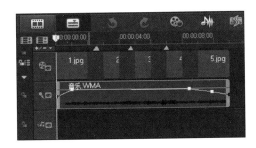

**05** "栏目片头"制作完成，单击导览面板中的"播放"按钮，预览最终效果。

# 第13章

## 宣传视频——KTV 宣传

除了海报、POP 等平面媒介，视频也是一个很好的宣传途径。生动形象的动画画面和煽情的背景音乐，相比较更能渲染气氛，起到更好的宣传效果。本章将学习制作某 KTV 宣传片的制作方法。

◆ 运用转场和滤镜效果制作视频
◆ 添加标题字幕
◆ 添加音频文件

# 124

## 视频制作

对素材进行编辑，添加转场效果及滤镜效果制作出 KTV 宣传的视频。本实例中将具体介绍宣传片的视频制作。

素材文件: DVD\ 素材 \ 第 13 章

视频文件: DVD\ 视频 \ 第 13 章 \ 124.mp4

**01** 进入会声会影 X9，单击"图形"按钮，在"画廊"的下拉列表中选择"色彩"类别，将条目"（0，0，0）"拖到视频轨中，如下图所示。

**02** 展开"选项"面板，切换至"色彩"选项卡，设置其"区间"参数为 18 秒 6 帧，如下图所示。

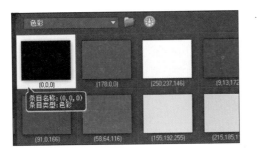

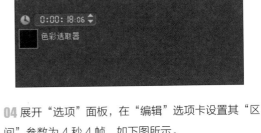

**03** 在覆叠轨 1 中插入素材（01.jpg），如下图所示。

**04** 展开"选项"面板，在"编辑"选项卡设置其"区间"参数为 4 秒 4 帧，如下图所示。

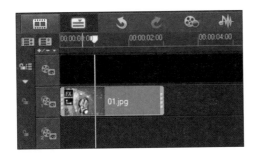

**05** 选择素材（01.jpg），在预览窗口单击鼠标右键，执行【调整到屏幕大小】命令，如下图所示。

**06** 单击"滤镜"按钮，切换至"滤镜"素材库，在"画廊"的下拉列表中选择"二维映射"类别，选择"修剪"滤镜，如下图所示，并将其拖到素材（01.jpg）上。

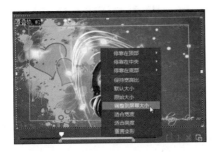

**07** 在选项面板中单击"自定义滤镜"按钮，如下图所示。

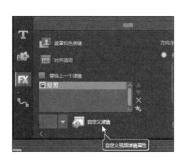

**08** 在弹出的对话框中选择第1个关键帧，设置"宽度"为20%，"高度"为20%，如下图所示。

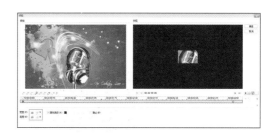

**09** 将鼠标滑块移到1秒10帧的位置，单击"添加关键帧"按钮，并设置"宽度"为100%，"高度"为100%，如下图所示。单击"确定"按钮完成设置。

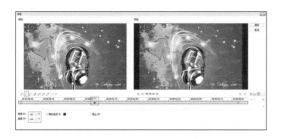

**10** 返回到选项面板，单击"从右边进入"和"从左边退出"按钮，如下图所示。

**11** 在导览面板中调整暂停区间，如下图所示。

**12** 在覆叠轨2中1秒11帧的位置插入素材（01.mov），如下图所示，并在预览窗口调整大小及位置。

**13** 单击"滤镜"按钮，选择"NewBlue视频精选Ⅱ"类别中的"画中画"滤镜，如下图所示，将其拖到素材（01.mov）上。

**14** 在选项面板中单击"自定义滤镜"按钮，如下图所示。

**15** 在弹出的对话框中选择第1个关键帧，单击"重置为无"，并设置"大小"为0，如下图所示。

**16** 将鼠标滑块移到第2个关键帧，单击"重置为无"，并设置"大小"为100，如下图所示。

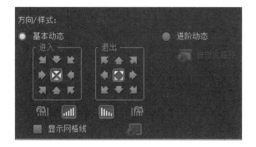

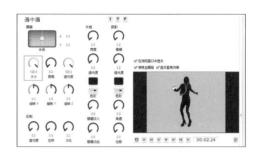

**17** 单击"确定"按钮完成设置。返回到选项面板，单击"淡入动画效果"和"淡出动画效果"按钮，如下图所示。

**18** 单击"遮罩和色度键"按钮，勾选"应用覆叠选项"复选框，在"选取覆叠类型"为下拉列表中选择"色度键"，如下图所示。

**19** 在预览窗口中调整素材位置及区间，如下图所示。

**20** 在覆叠轨1中4秒4帧的位置插入素材（02.jpg），展开"选项"面板，在"编辑"选项卡设置"区间"参数为2秒3帧，如下图所示。

**21** 选择素材（02.jpg），在预览窗口单击鼠标右键，执行【调整到屏幕大小】命令，如下图所示。

**22** 单击"滤镜"按钮，选择"调整"类别，中的"视频摇动和缩放"滤镜，如下图所示，将其拖到素材（02.jpg）上。

**23** 在选项面板中单击"自定义滤镜"按钮，如下图所示。

**24** 在弹出的对话框中选择第 1 个关键帧，设置"缩放率"为 100%，并调节中心点的位置，如下图所示。

**25** 将鼠标滑块移到 0 秒 7 帧的位置，单击"添加关键帧"按钮添加关键帧，设置"缩放率"为 110%，并调节中心点的位置，如下图所示。

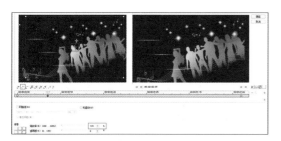

**26** 将鼠标滑块移到 0 秒 12 帧的位置，单击"添加关键帧"按钮添加关键帧，设置"缩放率"为 100%，并调节中心点的位置，如下图所示。

**27** 将鼠标滑块移到 0 秒 24 帧的位置，单击"添加关键帧"按钮添加关键帧，设置"缩放率"为 110%，并调节中心点的位置，如下图所示。

**28** 将鼠标滑块移到 1 秒 6 帧的位置，单击"添加关键帧"按钮添加关键帧，设置"缩放率"为 150%，并调节中心点的位置，如下图所示。

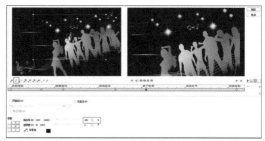

**29** 将鼠标滑块移到最后 1 个关键帧位置，设置"缩放率"为 100%，并调节中心点的位置，如下图所示。

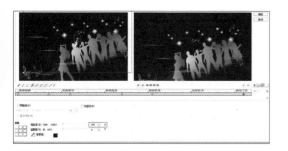

**30** 单击"确定"按钮完成设置。返回到选项面板，单击"淡入动画效果"和"淡出动画效果"按钮，如下图所示。

**31** 在导览面板中调整暂停区间，如下图所示。

**32** 单击"转场"按钮，选择"3D"类别中的"手风琴"转场效果，如下图所示，将其拖到素材（01.jpg）和素材（02.jpg）之间。

**33** 在覆叠轨 1 中 5 秒 07 帧的位置插入素材（03.jpg），在"选项"面板中的"编辑"选项卡设置其"区间"参数为 2 秒，并在预览窗口将其调整到屏幕大小，如下图所示。

**34** 单击"滤镜"按钮，在"相机镜头"类别中选择"镜头闪光"滤镜，如下图所示，将其拖到素材（03.jpg）上。

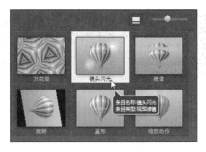

**35** 展开"选项"面板，单击"自定义滤镜"左侧的倒三角，在弹出的列表中选择第 6 种预设效果，如下图所示。

**36** 单击"转场"按钮，在"3D"类别中选择"旋转门"转场，如下图所示，将其拖到素材（02.jpg）和素材（03.jpg）之间。

**37** 单击"图形"按钮，切换至"图形"素材库，在"Flash动画"类别中选择条目"FL-F01.swf"，如下图所示，将其拖到覆叠轨 2 中 4 秒 03 帧的位置。

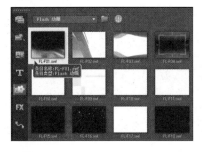

**38** 展开"选项"面板，切换至"编辑"选项卡，设置"区间"参数为 2 秒 17 帧，如下图所示。

**39** 切换至"属性"选项卡，单击"淡入动画效果"和"淡出动画效果"按钮，如下图所示。

**41** 在覆叠轨 1 中 8 秒 07 帧的位置插入素材（04.jpg），在"选项"面板的"编辑"选项卡中设置其"照片区间"为 3 秒，并在预览窗口将其调整到屏幕大小，如下图所示。

**43** 在覆叠轨 1 中 10 秒 07 帧的位置插入素材（05.jpg），并在预览窗口中调整到屏幕大小，如下图所示。

**45** 在"属性"选项卡，单击"自定义滤镜"按钮，如下图所示。

**40** 在覆叠轨 2 中双击素材，然后在导览面板中调整暂停区间，如下图所示，选择素材（03.jpg），调整区间为 4 秒 1 帧。

**42** 单击"转场"按钮，在"遮罩"类别中选择"遮罩 C"转场效果，如下图所示，将其拖到素材（03.jpg）和素材（04.jpg）之间。

**44** 单击"滤镜"按钮，在"调整"类别中选择"视频摇动和缩放"滤镜，如下图所示，将其拖到素材（05.jpg）上。

**46** 在弹出的对话框中选择第 1 个关键帧，设置"缩放率"为 112%，并调节中心点的位置，如下图所示。

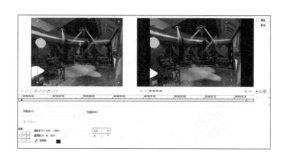

**47** 将鼠标滑块移到第 2 个关键帧位置，设置"缩放率"为 146%，并调节中心点的位置，如下图所示。单击"确定"按钮完成设置。

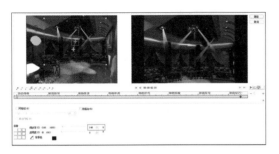

**48** 单击"转场"按钮，在"3D"类别中选择"漩涡"转场效果，如下图所示，将其拖到素材（04.jpg）和素材（05.jpg）之间。

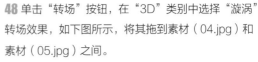

**49** 在覆叠轨 1 中 12 秒 7 帧的位置插入素材（06.jpg），在预览窗口调整其大小和位置，如下图所示。

**50** 展开"选项"面板，切换至"编辑"选项卡，设置其"区间"参数为 3 秒 17 帧，如下图所示。

**51** 单击"滤镜"按钮，在"相机镜头"类别中选择"镜像"滤镜，如下图所示，并将其拖到素材（06.jpg）上。

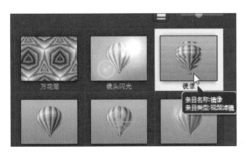

**52** 展开"选项"面板，切换至"属性"选项卡，单击"从下方进入""从上方退出""淡入动画效果"和"淡出动画效果"按钮，如下图所示。

**53** 单击"媒体"按钮，从媒体视频素材库中选择素材（SP—V01.mp4），如下图所示，并将其拖到覆叠轨 1 中 15 秒 24 帧的位置。

**54** 在预览窗口单击鼠标右键，执行【调整到屏幕大小】命令，如下图所示。

**55** 展开"选项"面板，切换至"编辑"选项卡，设置"区间"参数为 6 秒 02 帧，如下图所示。

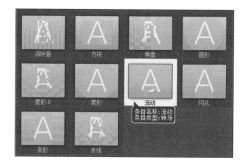

**57** 单击"转场"按钮，在"擦拭"类别中选择"流动"转场效果，如下图所示，并将其拖到素材（06.jpg）和素材（SP—V01.mp4）之间。

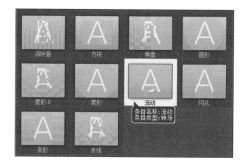

**59** 展开"选项"面板，切换至"照片"选项卡，调整"区间"参数为 11 秒 10 帧，"重新取样选项"为"保持宽高比（无字母框）"，如右图所示。

**56** 切换至"属性"选项卡，单击"淡出动画效果"按钮，如下图所示。

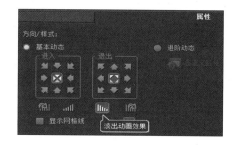

**58** 在视频轨 18 秒 6 帧的位置插入素材（07.jpg），如下图所示。

# 125

## 添加标题字幕

为编辑好的视频添加标题字幕，使影片更加生动活泼。本实例中将具体介绍如何添加标题字幕。

 素材文件：DVD\ 素材 \ 第 13 章

 视频文件：DVD\ 视频 \ 第 13 章 \ 125.mp4

**01** 单击"标题"按钮，在"标题"素材库中选择条目"Lorem ipsum"，如下图所示，将其拖到标题轨 1 上的 0 秒位置。

**02** 双击标题素材，然后在预览窗口的标题上双击鼠标，更改标题的内容为"动感音乐KTV"，如下图所示。

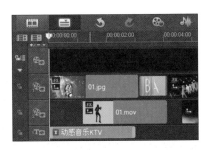

**03** 展开"选项"面板，调整"区间"参数为5秒，并设置"字体"为华文琥珀，"字体大小"为55，"色彩"为黄色，如下图所示。

**04** 单击"边框/阴影/透明度"按钮，在弹出的对话框中勾选"外部边界"复选框，设置"边框宽度"为18，"线条色彩"为红色，如下图所示。

**05** 切换至"阴影"选项卡，单击"突起阴影"按钮，然后设置"X"参数为6.9，"Y"参数为12.3，"突起阴影色彩"为绿色，如下图所示。

**06** 在预览窗口调整标题的位置，如下图所示。

**07** 在"标题"素材库中选择条目"LOREM IPSUM"，如下图所示，将其拖到标题轨2上的1秒4帧位置。

**08** 双击标题素材，然后在预览窗口的标题上双击鼠标，更改标题的内容为"Dynamic music"，如下图所示。

**09** 展开"选项"面板，调整"区间"参数为5秒，并设置"字体大小"为35，"色彩"为红色，如下图所示。

**10** 在预览窗口调整标题的位置，如下图所示。

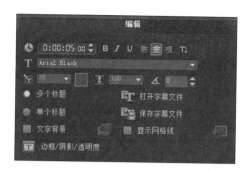

**11** 在"标题"素材库中选择条目"Lorem ipsum"，如下图所示，将其拖到标题轨 1 上的 5 秒位置。

**12** 双击标题素材，然后在预览窗口的标题上双击鼠标，更改标题的内容为"完美音效"，如下图所示。

**13** 展开"选项"面板，调整"区间"参数为 2 秒 7 帧，并设置"字体"为华文新魏，"字体大小"为 60，"色彩"为绿色，如下图所示。

**14** 取消勾选"文字背景"复选框，然后单击"边框 / 阴影 / 透明度"按钮，如下图所示。

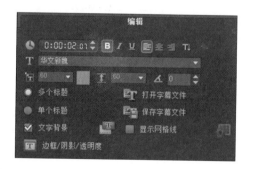

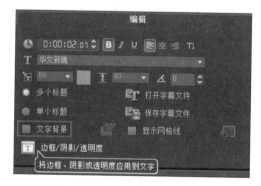

**15** 在弹出的对话框中设置"边框宽度"为 8，"线条色彩"为白色，如下图所示。

**16** 在预览窗口调整标题的位置，如下图所示。

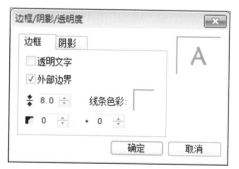

**17** 选中标题素材"完美音效",单击鼠标右键,执行【复制】命令,并将复制的素材粘贴到原素材后面,更改标题内容为"迷你K吧",如下图所示。

**18** 展开"选项"面板,调整"区间"参数为 1 秒 19 帧,并设置"色彩"为蓝色,如下图所示。

**19** 在预览窗口调整标题的位置,如下图所示。

**20** 同样,复制标题素材"迷你K吧",并将复制的素材粘贴到原素材后面,更改标题内容为"超炫灯光",如下图所示。

**21** 展开"选项"面板,调整"区间"参数为 3 秒 6 帧,并设置"色彩"为红色,如下图所示。

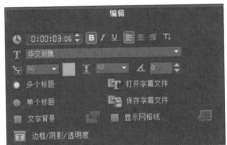

**22** 在预览窗口调整标题的位置,如下图所示。

**23** 在"标题"素材库中选择条目"Lorem ipsum",如下图所示,将其拖到标题轨 2 上的 12 秒 7 帧位置。

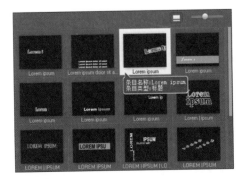

**24** 更改标题的内容为"动感体验",展开"选项"面板,设置"字体"为华文新魏,"字体大小"为 60,"色彩"为蓝色,如下图所示。

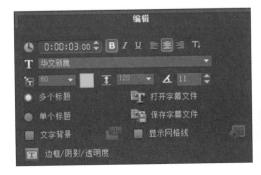

**25** 在预览窗口中调整标题的位置，如下图所示。

**27** 双击标题素材，然后在预览窗口的标题上双击鼠标，更改标题的内容为"闪亮的 PK 舞台"，如下图所示。

**29** 单击"边框 / 阴影 / 透明度"按钮，在弹出的对话框中设置"边框宽度"为 10，"线条色彩"为黄色，如下图所示。

**31** 在预览窗口调整标题的位置，如下图所示。

**26** 在"标题"素材库中选择条目"Lorem ipsum"，如下图所示，将其拖到标题轨 1 上的 15 秒 24 帧位置。

**28** 展开"选项"面板，调整"区间"参数为 5 秒 2 帧，设置"字体大小"为 60，"色彩"为红色，如下图所示。

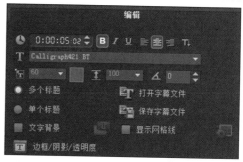

**30** 切换至"阴影"选项卡，单击"突起阴影"按钮，设置"X"参数为 5，"Y"参数为 5，如下图所示。

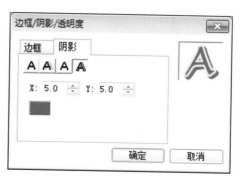

**32** 在"标题"素材库中选择条目"LOREM IPSUM/ DOLOR SIT AMET"，将其拖到标题轨 2 上的 19 秒 19 帧位置。

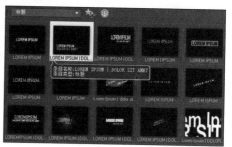

**33** 双击标题素材，然后在预览窗口的标题上双击鼠标，更改标题的内容为"动感无限/K歌无限"，如下图所示。

**35** 在预览窗口中调整标题的位置，如下图所示。

**37** 双击标题素材，然后在预览窗口中双击鼠标，更改标题的内容为"动感音乐KTV/Dynamic music"，如下图所示。

**39** 选择标题"Dynamic music"，展开"选项"面板，设置"字体大小"为40，"色彩"为绿色，如下图所示。

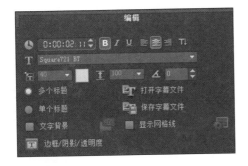

**34** 展开"选项"面板，调整"区间"参数为9秒22帧，"字体"为汉仪魏碑简，如下图所示。

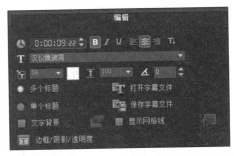

**36** 在"标题"素材库中选择条目"LOREM IPSUM/DOLOR SIT AMET"，如下图所示，将其拖到标题轨1上的23秒4帧位置。

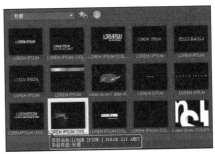

**38** 展开"选项"面板，调整"区间"参数为2秒11帧，"色彩"为红色，如下图所示。

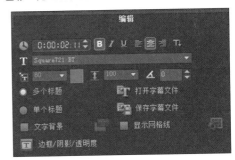

**40** 选择标题"动感音乐KTV"，单击"边框/阴影/透明度"按钮，在弹出的对话框中设置"边框宽度"为10，"线条色彩"为白色，如下图所示。

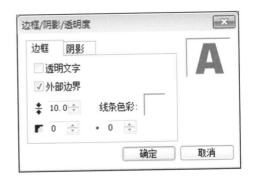

**41** 选择标题 "Dynamic music"，单击"边框／阴影／透明度"按钮，在弹出的对话框中设置"边框宽度"为 0，如下图所示。

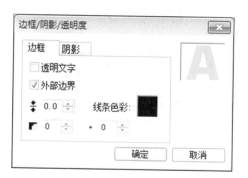

**42** 选择标题"动感音乐 KTV/Dynamic music"，在"属性"选项卡选择"浮雕"滤镜，然后单击"删除滤镜"按钮，如下图所示。

**43** 选中标题 "动感音乐 KTV/Dynamic music"，单击鼠标右键，执行【复制】命令，并将复制的素材粘贴到原素材后面，如下图所示。

**44** 展开"选项"面板，切换至"属性"选项卡，取消勾选"应用"复选框，选择"放大镜动作"滤镜，然后单击"删除滤镜"按钮，如下图所示。

**45** 切换至"编辑"选项卡，调整"区间"参数为 4秒 1 帧，如右图所示。

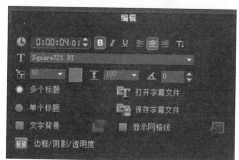

# 126

## 添加音频文件

为编辑好的视频添加音频文件，使视觉与听觉更加融合统一。本实例中将具体介绍如何添加音频文件。

 素材文件：DVD\ 素材 \ 第 13 章

 视频文件：DVD\ 视频 \ 第 13 章 \ 126.mp4

01 在时间轴中单击鼠标右键，执行【插入音频】|【到音乐轨】命令，如下图所示。

02 在音乐轨中插入音频素材，并调整素材的区间，如下图所示。

03 展开"选项"面板，单击"淡出"按钮，如下图所示。

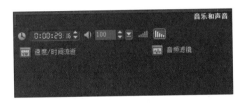

04 至此，KTV宣传视频制作完成。单击导览面板中"播放"按钮，预览最终效果，如下图所示。

# 第14章

## 风景记录——你好，海南

　　跨上背包，我们去旅行吧！忘记这都市的喧嚣，忘掉这朝九晚五的忙碌。临行前，别忘了带上相机。

　　旅途中，那一路的美景定格在你的镜头里，美不胜收。待到归来后，我们可以用会声会影对其进行整理编辑，制作成风景记录视频，细细品味其中的点点滴滴。

◆ 运用转场和滤镜效果制作视频

◆ 为视频添加标题字幕

◆ 添加音频文件

# 127

## 片头制作

片头是影片的开场，本视频制作的是风景记录的片头。本实例中将介绍片头的制作。

 素材文件：DVD\ 素材 \ 第 14 章

 视频文件：DVD\ 视频 \ 第 14 章 \ 例 127.mp4

**01** 在视频轨中添加一个视频素材，在"选项"面板中设置重新采样选项为"保持宽高比（无字母框）选项，如下图所示。

**02** 单击"图形"按钮，选择黑色图形，将其添加到视频轨中，并在两素材之间添加"交叉淡化"转场，如下图所示。

**03** 在覆叠轨 1 中 7 秒的位置添加视频素材并调整到合适的区间，如下图所示。

**04** 进入"选项"面板，单击"淡入动画效果"和"淡出动画效果"按钮，如下图所示。

**05** 单击"遮罩和色度键"按钮，选中"应用覆叠选项"复选框，选择"遮罩帧"类型，单击"添加遮罩项"按钮，如下图所示。

**06** 在弹出的"浏览照片"对话框中选择遮罩图片，如下图所示，单击"打开"按钮。

**07** 在预览窗口中调整素材图片大小及位置，如下图所示。

**08** 单击"标题"按钮，在预览窗口中输入字幕，如下图所示。

**09** 在"编辑"选项卡中设置字体参数，如下图所示。

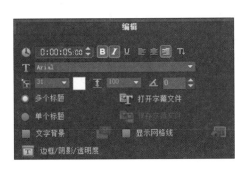

**10** 在"属性"选项卡中选中"应用"复选框，然后选择"淡化"的第 2 个预设效果，如下图所示。

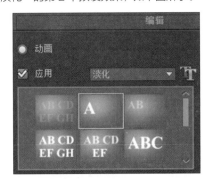

**11** 在导览面板中调整动画的暂停区间，最终效果如右图所示。

# 128

## 视频制作

对素材进行编辑，添加转场效果及滤镜效果制作出风景记录的视频。本实例中将具体介绍风景记录的视频制作。

 素材文件：DVD\ 素材 \ 第 14 章

 视频文件：DVD\ 视频 \ 第 14 章 \ 例 128.mp4

**01** 在视频轨中添加黑色的色彩素材和视频素材，并根据需要来调整视频区间，然后在素材与素材之间添加"交叉淡化"转场，如下图所示。

**02** 单击"图形"按钮，在 Flash 动画类别中选择条目"MotionF08"，将其多次添加到覆叠轨 1 中，如下图所示。

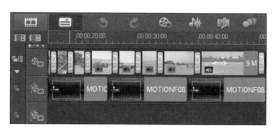

**03** 单击"标题"按钮，在预览窗口中双击鼠标，输入字幕内容，如下图所示。

**04** 在选项面板中调整字体参数，选中"文字背景"复选框，单击"自定义文字背景的属性"按钮，如下图所示。

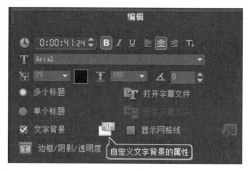

**05** 在"文字背景"对话框中单击"单色背景栏"单选按钮，设置颜色为白色，透明度参数为 25，如下图所示。

**06** 单击"确定"按钮。切换至"属性"选项卡，选中"应用"复选框，在"飞行"类别中选择第 6 个预设效果。最后单击"自定动画属性"按钮，如下图所示。

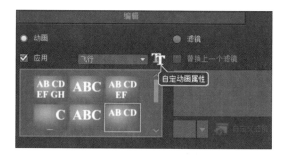

**07** 在弹出的对话框中，设置"起始单位"和"终止单位"均为"行"，设置无暂停，单击"从右边进入"按钮和"从左边退出"按钮，如下图所示。单击"确定"按钮完成设置。

**08** 在覆叠轨 3 中第 13 秒的位置单击鼠标，然后单击"标题"按钮，在预览窗口中输入字幕，如下图所示。

09 在"属性"选项卡中选中"应用"复选框，选择"移动路径"类别中的第 9 个预设效果，在导览面板中调整动画的暂停区间，如下图所示。

10 用同样的操作方法，制作出其他的字幕效果，如下图所示。

11 再使用同样的方法，制作其他的视频效果。

# 129

## 后期制作

为编辑好的视频添加音频文件，使视觉与听觉更加融合统一。本实例中将介绍如何制作后期效果。

素材文件：DVD\ 素材 \ 第 14 章

视频文件：DVD\ 视频 \ 第 14 章 \ 例 129.mp4

01 在时间轴的音乐轨中添加音频素材，如下图所示。

02 在"选项"面板中单击"淡出"按钮，如下图所示。

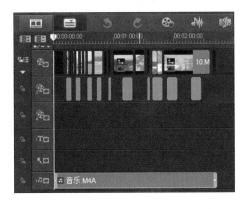

03 风景记录视频制作完成。在预览窗口中可以预览视频效果。

# 第15章

## 展览视频——国际车展

　　人们的生活水平日益提高，汽车已经走进普通百姓的日常生活。一年一度的各地车展，作为各大汽车厂商展示实力和成就的大舞台，越来越受到人们的重视，并成为人们选车、购车的大好时机。

　　本章介绍车展视频动画的制作，以便人们充分领略汽车的独特魅力。

◆ 运用转场和滤镜效果制作视频

◆ 为视频添加标题字幕

◆ 添加音频文件

# 130

## 片头制作

在一部完整的影片中，片头的作用是至关重要的，它能勾起观众观看影片的欲望。本节将制作车展视频的片头。

 素材文件：DVD\素材\第 15 章　　　　 视频文件：DVD\视频\第 15 章\例 130.mp4

**01** 进入会声会影 X9，在视频轨中插入一段视频素材（背景 1.mov），如下图所示。

**02** 展开"选项"面板，在"重新采样选项"下拉列表中选择"保持宽高比（无字母框）"，如下图所示。

**03** 在覆叠轨 1 中添加素材图片，进入"选项"面板，单击"高级动作"单选按钮，在弹出的对话框中设置"位置"及"大小"参数均为 0，设置"旋转 Y"为 -180，如下图所示。

**04** 将滑块拖至 0 秒 17 的位置，添加关键帧，调整大小及位置，设置"旋转 Y"参数为 0，如下图所示。

**05** 复制该关键帧，并粘贴到 2 秒 10 的位置。设置最后 1 帧的"位置"及"大小"参数均为 0，旋转 Y 为 180，如下图所示。

**06** 用同样的方法添加其他素材并自定义运动。并为素材添加"星形"滤镜，如下图所示。

**07** 单击"标题"按钮,在预览窗口中输入字幕,如下图所示。

**08** 在"编辑"选项卡中设置字体参数,选中"文字背景"复选框,然后单击"自定义文字背景属性"按钮,如下图所示。

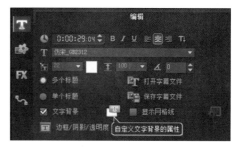

**09** 修改文字背景颜色,设置透明度参数为 30,如右图所示。调整标题的区间与视频轨区间,使两者保持一致。

# 131

## 视频制作

对素材进行编辑,添加转场效果及滤镜效果制作出车展动画的视频。本实例中将具体介绍车展动画的视频制作。

素材文件: DVD\ 素材 \ 第 15 章

视频文件: DVD\ 视频 \ 第 15 章\ 例 131.mp4

**01**  在视频轨中添加视频素材(背景 1.mov),如下图所示,并调整到屏幕大小。

**02**  单击"图形"按钮,选择白色素材,将其添加到覆叠轨 2 中。进入"选项"面板,单击"遮罩和色度键"按钮,选择合适的遮罩帧,如下图所示。

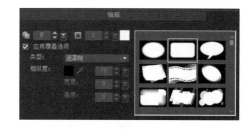

**03** 在预览窗口中调整素材的大小,如下图所示。

**04** 在覆叠轨 1 中添加视频素材,为素材添加边框,并调整素材的大小及位置,如下图所示。

**05** 在覆叠轨 3 中添加素材图片，在预览窗口中调整素材的大小及位置，如下图所示。

**06** 进入"属性"选项卡，单击"从上方进入"按钮，如下图所示。

**07** 在覆叠轨中添加素材，在预览窗口中调整素材的大小及位置，如下图所示。

**08** 在"滤镜"素材库中选择"画中画"滤镜，将其添加到覆叠轨中的最后一个素材上。在选项面板中单击"自定义滤镜"按钮，如下图所示。

**09** 将滑块拖至第 1 帧，单击"重置为无"图标，如下图所示。

**10** 将滑块拖至最后 1 帧，单击"重置为无"图标，然后设置"尺寸"参数为 90，"X"参数为 4.7，"Y"参数为 11.6，如下图所示。

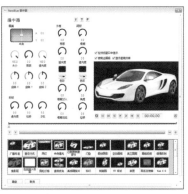

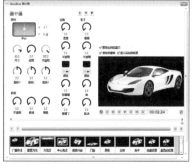

**11** 单击"确定"按钮完成设置。在覆叠轨中添加素材，并在预览窗口中调整素材的大小及位置。

**12** 在覆叠轨中继续添加素材，在预览窗口中调整素材的大小及位置，如下图所示。

**13** 在该素材与上一素材之间添加"交叉淡化"转场，如下图所示。

**14** 在覆叠轨中添加素材，在预览窗口中预览效果，如下图所示。

**15** 在素材库中单击"路径"按钮，在"路径"素材库中选择条目"P10"，将其拖动到该素材上。在"选项"面板中单击"自定义动作"按钮，如下图所示。

**16** 在弹出的"自定义动作"对话框中，在"位置"选项组中设置"X"的参数为 5，"Y"的参数为 -20。设置"镜面"选项组中所有参数均为 0，如下图所示。

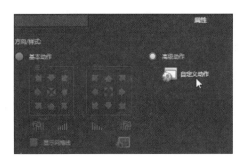

**17** 选择第 2 个关键帧，在预览图中调整大小及位置。然后设置"镜面"选项组中所有参数均为 0，如下图所示。

**18** 选择第 2 个关键帧，单击鼠标右键，执行【复制】命令。选择第 3 个关键帧，单击鼠标右键，执行【粘贴】命令，如下图所示。

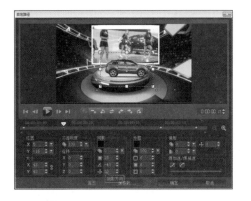

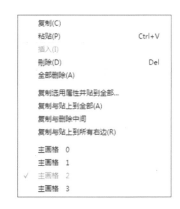

**19** 用同样的操作方法，选择第 1 个关键帧，单击鼠标右键，执行【复制】命令，选择第 4 个关键帧，单击鼠标右键，执行【粘贴】命令。最后单击"确定"按钮，如下图所示。

**20** 在覆叠轨中添加素材，分别在预览窗口中调整素材的大小及位置，然后在"选项"面板中单击"从右上方进入"按钮，如下图所示。

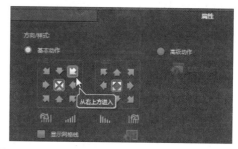

**21** 单击"标题"按钮，在预览窗口中输入字幕，如下图所示。

**22** 进入"属性"选项卡，选择"移动路径"类别中的第 1 个预设效果，如下图所示。

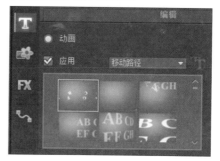

**23** 在导览面板中调整动画的暂停区间，如下图所示。

**24** 将标题复制并粘贴到时间轴中合适的位置，然后修改字幕，如下图所示。

**25** 在第 26 秒 9 帧的位置单击鼠标，在预览窗口中输入字幕，如下图所示。

**26** 选择时间轴中的标题素材，单击鼠标右键，执行【自定义动作】命令，如下图所示。

**27** 在弹出的对话框中设置第 1 帧的位置及大小参数均为 0，如下图所示。

**28** 将滑块拖至第 1 秒 19 的位置，调整标题的大小及位置，如下图所示。复制第 2 帧，粘贴到第 3 帧处，然后单击"确定"按钮。

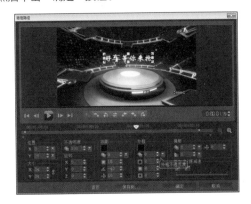

# 132

## 添加音频文件

为编辑好的视频添加音频文件，使视觉与听觉更加融合统一。本实例中将具体介绍如何添加音频素材。

 素材文件：DVD\ 素材 \ 第 15 章

 视频文件：DVD\ 视频 \ 第 15 章 \ 例 132.mp4

**01** 在时间轴中单击鼠标右键，执行【插入音频】|【到音乐轨】命令，如下图所示。

**02** 在音乐轨中插入一段音频素材（音乐 .mp3），如下图所示。

**03** "车展动画"制作完成，单击导览面板中的"播放"按钮，预览最终效果。

 提示：类似于车展的还有服装展、书法展、动画展等都可以按照本实例制作出相应的展览动画。

# 第16章

## 课件制作——诗歌欣赏

一堂课，若能结合生动形象的视频讲解，不仅能充分集中学生的注意力，而且能使课堂氛围变得轻松活跃。

会声会影可以运用其编辑、转场、遮罩等功能，在对素材进行编辑后制作出各种课件视频，对于教学有很大的帮助。

◆ 运用转场和滤镜效果制作课件视频

◆ 为视频添加标题字幕

◆ 添加音频文件

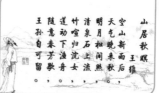

# 133

## 卷轴制作

对素材进行编辑，添加转场效果制作出卷轴动画。本实例将具体介绍卷轴的制作。

素材文件：DVD\素材\第 16 章　　　视频文件：DVD\视频\第 16 章\例 133.mp4

**01** 进入会声会影 X9，在视频轨中插入一张素材图片（背景 .jpg），如下图所示。

**02** 展开"选项"面板，在"重新采样选项"下拉列表中选择"保持宽高比（无字母框）"选项，如下图所示。

**03** 单击"图形"按钮，切换至"图形"素材库，在"色彩"类别中选择"白色"色彩素材，并将其拖动到视频中，如下图所示。

**04** 单击"转场"按钮，切换至"转场"素材库，在画廊下拉列表中选择"卷动"类别，选择"单向"转场效果，如下图所示。

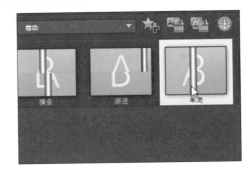

**05** 将其拖动到视频轨中的素材 1 与素材 2 之间，如下图所示。

**06** 展开"选项"面板，设置"区间"参数为 3 秒，"色彩"为白色，如下图所示。

**07** 保持项目文件。执行【文件】|【新建项目】命令，创建一个新的项目，如右图所示。

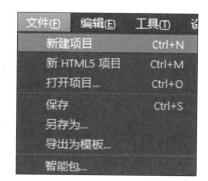

# 134

## 课件制作

对素材进行编辑，添加转场效果及遮罩效果制作出课件动画。本实例中将具体介绍课件的制作。

素材文件：DVD\ 素材 \ 第 16 章　　视频文件：DVD\ 视频 \ 第 16 章 \ 例 134.mp4

**01** 单击"图形"按钮，选择"白色"色彩素材，如下图所示，将其拖动到视频轨中。

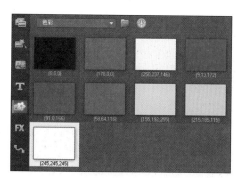

**02** 展开"选项"面板，设置"区间"参数为 7 秒，如下图所示。

**03** 在视频轨中插入前面保存的项目文件，如下图所示。

**04** 展开"选项"面板，选中"反转视频"复选框，如下图所示。

**05** 选择一张素材图片（背景 .jpg）插入到视频轨中，如下图所示。

**06** 展开"选项"面板，设置"区间"参数为 50 秒 20 帧，在"重新采样选项"列表中选择"调到项目大小"选项，如下图所示。

**07** 在覆叠轨中 10 秒的位置插入一张素材图像（人物 .png），如下图所示。

**08** 在预览窗口中调整素材的大小和位置，如下图所示。

**09** 展开"选项"面板，切换至"编辑"选项卡，设置"区间"参数为 50 秒 20 帧，如下图所示。

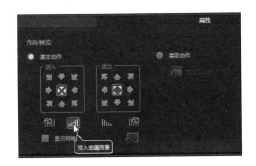

**10** 切换至"属性"选项卡，单击"淡入动画效果"按钮，如下图所示。

**11** 单击"标题"按钮，在预览窗口中双击鼠标左键，输入字幕"第一课"，如下图所示。

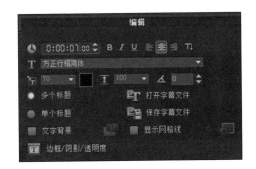

**12** 在"编辑"选项卡中设置"区间"参数为 7 秒，"字体"为方正行楷简体，"字体大小"参数为 70，"字体颜色"为黑色，如下图所示。

**13** 切换至"属性"选项卡，选中"应用"复选框，在"弹出"类别中选择第 4 个动画预设效果，如下图所示。

**14** 在导览面板中调整暂停区间，如下图所示。

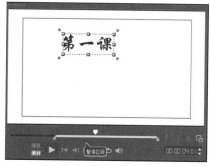

**15** 在标题轨 2 上 3 秒的位置单击鼠标，然后在预览窗口中输入字幕内容为"诗歌赏析"，如下图所示。

**16** 拖动导览面板上的"暂停区间"来调整动画暂停时间，如下图所示。

**17** 在标题轨合适的位置上单击鼠标，然后在预览窗口中双击鼠标，输入字幕内容为"山居秋暝"，如下图所示。

**18** 进入"选项"面板，单击"粗体"和"将方向更改为垂直"按钮，设置"字体"为方正启体简体，"字体大小"参数为 42，如下图所示。

**19** 切换至"属性"选项卡，选中"应用"复选框，选择合适的动画预设效果，如下图所示。

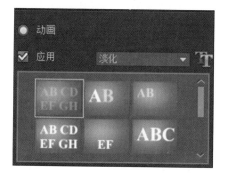

**20** 在预览窗口中调整标题的位置，如下图所示。在标题上选中字幕素材，将其放置到标题轨中 15 秒的位置。

**21** 单击鼠标右键，执行【复制】命令，并将复制的素材粘贴到原标题素材后面。拖动标题素材右侧区间，使之与视频轨上的素材区间一致，如下图所示。

**22** 选中标题轨上的素材 3，进入"选项"面板，切换至"属性"选项卡，取消"应用"复选框，如下图所示。

**23** 在标题轨 2 上 17 秒的位置单击鼠标，然后在预览窗口中输入字幕内容并调整位置，如下图所示。

**24** 进入"选项"面板，设置"字体大小"参数为 40。切换至"属性"选项卡，选中"应用"复选框，如下图所示。

**25** 选中标题轨 2 上的素材 2，单击鼠标右键执行【复制】命令，然后将复制的素材粘贴到原素材后面，如下图所示。拖动素材右侧，使之与视频轨上的素材区间一致，如下图所示。

**26** 选中标题轨 2 上的素材 3，进入"选项"面板，切换至"属性"选项卡，取消"应用"复选框。在覆叠轨上 21 秒 15 帧的位置单击鼠标，然后在预览窗口中双击鼠标，输入字幕内容并调整位置，如下图所示。

**27** 进入"选项"面板，在"编辑"选项卡中设置"区间"参数为 36 秒 8 帧，"行间距"参数为 110，如下图所示。

**28** 选中标题素材，单击鼠标右键，执行【复制】命令，并将复制的素材粘贴到原素材后面，拖动素材区间使之与视频轨中素材的区间一致，如下图所示。

**29** 选中素材 1，进入"选项"面板，切换至"属性"选项卡，选中"应用"复选框，并在"淡化"类别中选择合适的动画预设效果，如下图所示。

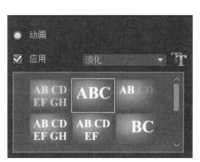

**30** 在导览面板中拖动"暂停区间"来调整暂停的时间，如下图所示。

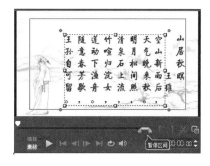

**31** 在覆叠轨 2 中插入一张素材图片到 57 秒 11 帧的位置（章 .jpg）并调整素材区间为 1 秒 17 帧，如下图所示。

**32** 在预览窗口中调整素材的大小及位置，如下图所示。

**33** 进入选项面板，单击"从上方进入""淡入动画效果"和"淡出动画效果"按钮，如下图所示。

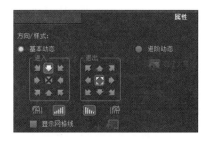

**34** 单击"遮罩和色度键"按钮，选中"应用覆叠选项"复选框，如下图所示。

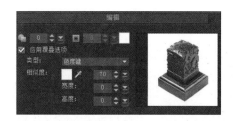

**35** 在覆叠轨 3 中 59 秒 3 帧的位置插入一张素材图片（章印 .jpg），并拖动素材区间使之与视频轨中的素材区间一致，在预览窗口中调整素材的位置及大小，如下图所示。

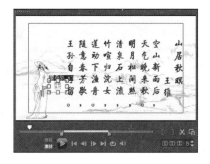

**36** 展开"选项"面板，单击"淡入动画效果"按钮。单击"遮罩和色度键"按钮，选中"应用覆叠选项"复选框，设置"类型"为色度键，如下图所示。

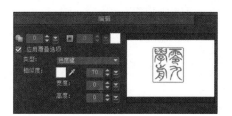

# 135

## 添加音频文件

对视频添加音频，能使影片更具感染力，本实例中将介绍为课件添加音频的方法。

 素材文件：DVD\ 素材 \ 第 16 章

 视频文件：DVD\ 视频 \ 第 16 章 \ 例 135.mp4

**01** 在时间轴中单击鼠标右键，执行【插入音频】|【到声音轨】命令，如下图所示。

**02** 在声音轨中插入一段音频素材（配音 .mp3），并将素材拖动到声音轨中 15 秒的位置，选中素材拖动区间使之与视频轨区间一致，如下图所示。

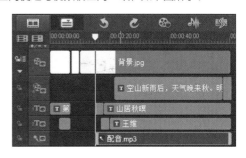

**03** 展开"选项"面板，单击"速度和时间流逝"按钮，如下图所示。

**04** 在弹出的对话框中设置"速度"参数为 98，如下图所示，然后单击"确定"按钮完成设置。

**05** 在时间轴中单击鼠标右键，执行【插入音频】|【到音乐轨 #1】命令，如下图所示。

**06** 在音乐轨 #1 中插入一段音频素材（背景乐 .mp3），选中素材并拖动区间使之与视频轨中的素材区间一致，如下图所示。

**07** 单击时间轴视图上的"混音器"按钮,如下图所示。切换至"混音器视图"模式。

**08** 将鼠标移至音频文件中间的黄色音量调节线上,单击鼠标左键并向下拖动添加关键帧,调整最后一个关键帧以增加淡出效果,如下图所示。

**09** 课件制作完成,单击导览面板中的"播放"按钮,预览最终效果。

提示:单击导览面板中的"播放"按钮,预览配音是否与视频一致,用来确定声音轨上的素材具体位置。

# 第17章
## 视频集锦——跑酷高手

  不少人喜欢收集精彩的视频镜头，再使用会声会影将收集到的视频整理到一起进行编辑制作，留住每一个精彩的瞬间。

  本章介绍跑酷高手的视频集锦制作方法，读者也可以举一反三，制作出其他属于自己的视频集锦。

◆ 运用转场和滤镜效果制作集锦视频
◆ 为视频添加标题字幕
◆ 添加音频文件

# 视频制作

　　对素材进行编辑，添加转场效果制作出视频集锦的视频。本实例中将具体介绍视频集锦的视频制作。

素材文件：DVD\ 素材 \ 第 17 章　　　　　　　　视频文件：DVD\ 视频 \ 第 17 章 \ 例 136.mp4

**01** 进入会声会影 X9，在视频轨中插入两个视频素材（背景 .apv、倒计时 .mpg），如下图所示。

**02** 设置素材 1 的"区间"为 11 秒 17 帧，选中素材 2，进入"选项"面板，在"重新采样选项"下拉列表中选择"保持宽高比（无字母框）"，如下图所示。

**03** 在视频轨中插入 3 段视频素材（1-3.MPG 和 mp4），如下图所示。

**04** 选中素材 3，展开"选项"面板，在"重新采样选项"下拉列表中选择"保持宽高比（无字母框）"，如下图所示。

提示：视频素材可以先编辑好再导入，也可以导入后将不需要的部分分割下来，然后按 Delete 键将其删除。

**05** 用同样的方法，分别选中素材 4 和素材 5，在"重新采样选项"下拉列表中选择"保持宽高比（无字母框）"。

# 添加标题字幕

　　为编辑好的视频添加标题字幕，使影片更加生动活泼。本实例中将具体介绍标题的添加方法。

素材文件：DVD\ 素材 \ 第 17 章　　　　　　　　视频文件：DVD\ 视频 \ 第 17 章 \ 例 137.mp4

**01** 单击"标题"按钮，然后在预览窗口中双击鼠标，输入字幕内容，如下图所示。

**02** 进入"编辑"选项卡，设置"区间"参数为 11 秒 17 帧，"字体"为方正铁筋隶书简体，"字体大小"参数为 60，"颜色"为白色，如下图所示。

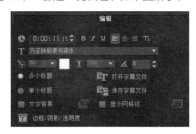

**03** 单击"边框\阴影\透明度"按钮，切换至"阴影"选项卡，单击"下垂阴影"按钮，设置"X"参数为 16.0，"Y"参数为 13.0，"颜色"为白色，如下图所示。

**04** 单击"确定"按钮，然后切换至"属性"选项卡，选中"应用"复选框，在选取动画类型的下拉列表中选择"飞行"类别，并选择合适的动画预设效果，如下图所示。

**05** 调整标题轨 1 上的素材区间到合适的位置。在标题轨 2 上 5 秒的位置单击鼠标，然后在预览窗口中双击鼠标左键，输入字幕内容，如下图所示。

**06** 进入"编辑"选项卡，设置"字体"为新宋体，"字体大小"参数为 50，如下图所示。

**07** 切换至"属性"选项卡，在"选取动画类型"下拉列表中选择"下降"类别，然后选择第 2 个动画预设效果，如下图所示。

**08** 调整标题"区间"，并复制一个粘贴在原标题素材后面，取消勾选"属性"选项卡中的"应用"复选框。在视频轨中插入片尾素材（4.AVI）。在片尾视频下双击鼠标，输入字幕内容，如下图所示。

**09** 在"编辑"面板中设置"字体"为 SPICY，字体大小为 66，如下图所示。

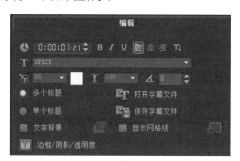

**10** 进入"属性"选项卡，单击"自定义动画属性"按钮，在弹出的"淡出动画"对话框中选择"淡出"单选按钮，单击"确定"按钮完成设置，如下图所示。

 提示：用户可以根据自己需要在影片中添加相应的字幕。

# 138

## 添加音频文件

为编辑好的视频添加音频文件，使视觉与听觉更加融合统一。本实例中将具体介绍音频添加的方法。

素材文件：DVD\ 素材 \ 第 17 章

视频文件：DVD\ 视频 \ 第 17 章 \ 例 138.mp4

**01**  在时间轴中单击鼠标右键，执行【插入音频】|【到声音轨】命令，如下图所示。

**02** 在声音轨中插入一段音频素材（动感片头 .MP3），并调整区间使之与视频轨中素材区间一致，如下图所示。

**03** 在时间轴中单击鼠标右键，执行【插入音频】|【到音乐轨 #1】命令，如下图所示，插入一段音频素材（音频 .mp3）。

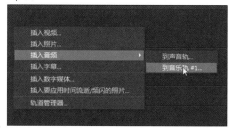

**04** 将其拖动合适的位置，并调整素材区间使之与视频轨上的素材区间一致，如下图所示。

**05** 展开"选项"面板，单击"淡入""淡出"按钮，如下图所示。

**06** 单击"混音器"按钮，切换至混音器视图，然后调节音乐轨上的音频素材音量，如下图所示。

**07** 视频集锦制作完成，单击导览面板中的"播放"按钮，预览最终效果。

# 第18章

## 儿童相册——成长故事

孩子是每个父母心中的宝贝。看着他每日无忧的笑颜，品味他的娇、傻、嗔、怒，都是爸妈最幸福的时刻。

使用会声会影，串连起平时拍摄下来的点点滴滴，制作出独一无二的电子相册，将是留给孩子长大成人后回忆的宝贵财富。

◆ 运用转场和滤镜效果制作视频

◆ 为视频添加标题字幕

◆ 添加音频文件

# 139

## 片头制作

　　儿童相册突出活泼、欢快的风格，片头的制作也需要体现这一点。本实例将具体介绍制作儿童相册的片头。

 素材文件: DVD\ 素材 \ 第 18 章

 视频文件: DVD\ 视频 \ 第 18 章 \ 例 139.mp4

**01** 进入会声会影 X9，在视频轨中添加素材图片，如下图所示。

**02** 单击"选项"按钮，在"重新采样选项"下拉列表中选择"调到项目大小"选项，如下图所示。

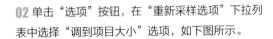
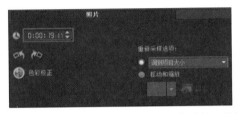

**03** 在覆叠轨 2 中添加素材图片，并在预览窗口中调整素材的大小及位置，如下图所示。

**04** 单击"滤镜"按钮，选择"画中画"滤镜，将其添加到素材上。进入"选项"面板，单击"从右边进入"按钮，然后单击"自定义滤镜"按钮，如下图所示。

 提示：最大化预览窗口可以准确的调整素材位置。

**05** 弹出"NewBlue 画中画"对话框，将滑块拖至第 1 帧，单击"重置为无"图标，设置 X、Y 的参数均为 0，尺寸参数为 100，如下图所示。

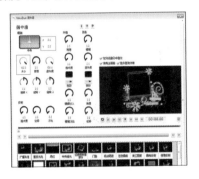

**06** 选择最后 1 帧，单击"重置为无"图标。将滑块拖至 0 秒 5 帧的位置，添加 1 个关键帧。然后在 0 秒 10 帧的位置，设置旋转 Z 为 -10，如下图所示。

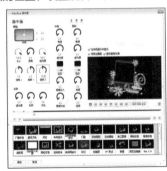

**07** 将滑块拖至 0 秒 24 帧，设置旋转 Z 为 4。依次在后面添加关键帧，并依次向左或向右调整旋转 Z 的参数，如下图所示。

**08** 单击"确定"按钮。在覆叠轨 1 中 1 秒 8 帧的位置添加素材图片并调整到合适的区间，如下图所示。

**09** 在"选项"面板中单击"淡入动画效果"按钮，然后单击"遮罩和色度键"按钮，如下图所示。

**10** 勾选"应用覆叠选项"复选框，选择类型为"色度键"，设置相似度参数为 0，设置宽度参数 39，如下图所示。

**11** 在预览窗口中调整素材的形状与位置，如下图所示。

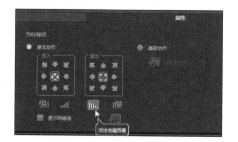

**12** 选择素材，单击鼠标右键，执行【复制】命令，将复制的素材粘贴到原素材后，如下图所示。

**13** 在"选项"面板中取消"淡入动画效果"按钮，单击"淡出动画效果"按钮，如下图所示。

**14** 选择覆叠轨 2 中的素材，按 Ctrl+C 组合键复制，然后粘贴到原素材后，并调整到合适的区间，如下图所示。

**15** 进入"选项"面板删除滤镜，在"进入"选项组中单击"静止"按钮，然后单击"淡出动画效果"按钮，如下图所示。

**16** 在素材库中单击"图形"按钮，在 Flash 动画素材库中选择条目"MotionF45"，将其拖入到覆叠轨3 中，如下图所示。

**17** 单击"标题"按钮，在预览窗口中双击鼠标，输入字幕内容，如下图所示。

**18** 在"编辑"选项卡中单击"将方向更改为垂直"按钮，设置"字体"为汉仪魏碑简，字体"大小"为57，"颜色"为橙色，"角度"为 10，如下图所示。

**19** 切换至"属性"选项卡，选中"应用"复选框，然后选择"淡化"的第 1 个预设效果，如下图所示。

**20** 再次输入字幕"童"，在"编辑"选项卡中设置颜色为白色，选中"文字背景"复选框，然后单击"自定义文字背景的属性"按钮，如下图所示。

**21** 在弹出的"文字背景"对话框中选择"与文本相符"单选按钮，选择类型为"椭圆"，设置扩大参数为6，颜色为绿色，如下图所示。

**22** 单击"确定"按钮完成设置，然后在预览窗口中调整标题的位置，如下图所示。

**23** 在时间轴中选择标题素材，调整其区间长度为 1 秒 13 帧，单击鼠标右键，执行【复制】命令，将复制的素材粘贴到原素材后。在"属性"选项卡中单击"自定动画属性"按钮，如下图所示。

**24** 在弹出的"淡化动画"对话框中单击"淡出"单选按钮，如下图所示。单击"确定"按钮完成设置。

# 140

## 视频制作

对素材进行编辑，添加转场效果及遮罩效果制作出儿童相册的视频。本实例中将具体介绍儿童相册的视频制作。

 素材文件：DVD\ 素材 \ 第 18 章

 视频文件：DVD\ 视频 \ 第 18 章 \ 例 140.mp4

**01** 在覆叠轨 2 中添加素材图片，在预览窗口中调整素材的大小及位置，如下图所示。

**02** 在"选项"面板中，单击"从右边进入"和"从左边退出"按钮，如下图所示。

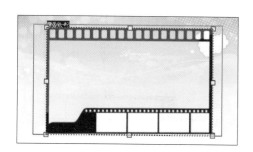

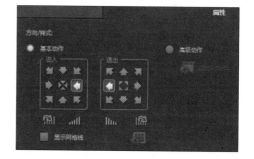

**03** 在覆叠轨 1 中添加素材图片，进入"选项"面板，单击"从右边进入"和"从左边退出"按钮，然后再单击"遮罩和色度键"按钮，如下图所示。

**04** 选中"应用覆叠选项"复选框，选择类型为"色度键"，设置相似度参数为 0，高度参数为 30，如下图所示。

**05** 在预览窗口中调整素材的大小及位置，如下图所示。

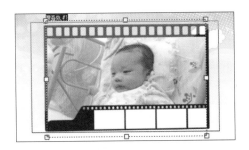

**06** 用同样的操作方法，添加素材并制作动画的进入与退出方向，如下图所示。

**07** 单击"标题"按钮，在预览窗口中双击鼠标输入字幕，如下图所示。

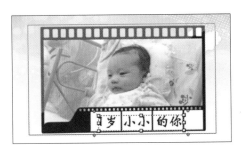

**08** 切换至"属性"选项卡，选中"应用"复选框，在"淡化"类别中选择第 1 个预设效果，如下图所示。

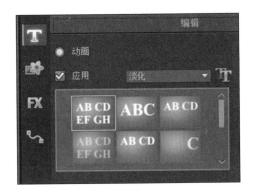

**09** 用同样的操作方法，在时间轴中相应的位置添加字幕，如下图所示。

**10** 在覆叠轨 4 中添加 Flash 素材，在预览窗口中调整素材的大小及位置，如下图所示。

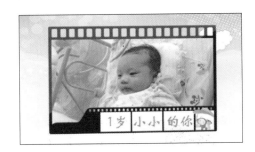

**11** 在"属性"面板中单击"淡入动画效果"和"淡出动画效果"按钮，如下图所示。

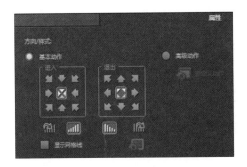

**12** 在时间轴中调整素材的位置及区间，如下图所示。

13 在覆叠轨 4 中合适的位置添加素材，在预览窗口中单击鼠标右键，执行【调整到屏幕大小】命令，如下图所示。

14 在"选项"面板中单击从"从右边进入"按钮，如下图所示。

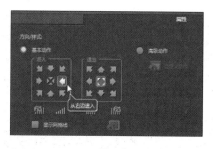

15 在覆叠轨 4 中合适的位置添加素材，在时间轴中调整素材的区间，如下图所示。

16 在预览窗口中调整素材的大小及位置，如下图所示。在属性面板设置"从右边进入"，"从左边退出"。

17 在覆叠轨 4 中合适的位置添加素材，如下图所示。

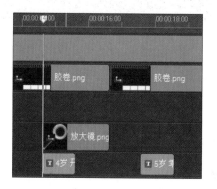

18 展开"选项"面板，单击"高级动作"单选按钮，如下图所示。

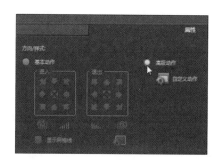

19 弹出"自定义动作"对话框，在"位置"选项组中设置 X 的参数为 –160，然后设置"大小"中的 X、Y 参数均为 100，如下图所示。

20 将滑块拖至 0 秒 10 帧处，单击"添加关键帧"按钮添加关键帧，设置"位置"中的 X 参数为 –15，设置"大小"中的 X、Y 参数均为 96，如下图所示。

**21** 将滑块拖至 0 秒 20 帧处，添加关键帧，设置"位置"中的 X 参数为 -10，设置"大小"中的 X、Y 参数均为 70，如下图所示。

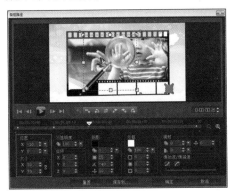

**22** 将滑块拖至最后 1 帧，设置"位置"中的 X 参数为 -160，设置"大小"中的 X、Y 参数均为 70，如下图所示。单击"确定"按钮完成设置。

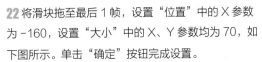

**23** 继续在覆叠轨 4 中添加素材，在预览窗口中调整素材的大小及位置，如下图所示。

**24** 进入"选项"面板，单击"从下方进入"和"从右边退出"按钮，如下图所示。

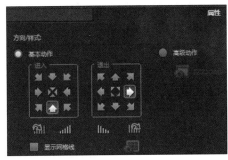

# 141

## 片尾及后期制作

为视频制作片尾并添加音频，使影片更加完整。本实例中将具体介绍片尾和后期制作的方法。

 素材文件：DVD\ 素材 \ 第 18 章

 视频文件：DVD\ 视频 \ 第 18 章 \ 例 141.mp4

**01** 在视频轨中添加素材，然后在"视频"选项卡中将素材调到项目大小，如下图所示。

**02** 在覆叠轨 2 中添加素材并调整素材的区间，如下图所示。复制覆叠轨 2 中素材 1 的属性，并将其粘贴到该素材上。

**03** 在合适的位置单击鼠标，然后单击"标题"按钮，在预览窗口中输入字幕，并调整字体的大小及角度，如下图所示。

**05** 将音频素材添加到音乐轨中并调整区间，如下图所示。

**04** 进入"属性"选项卡，选中"应用"复选框，选择"淡化"类别中的第 1 个预设效果，在导览面板中调整素材的暂停区间，如下图所示。

**06** 展开"选项"面板，单击"淡出"按钮，如下图所示。至此，"儿童相册"视频制作完成，单击导览面板中的"播放"按钮，预览最终效果。

# 第 19 章

## 婚纱相册——执子之手

使用会声会影，可以将结婚时用数码相机或 DV 拍的视频和照片，制作并输出为完整的影片，作为人生的永存记忆，分享给亲朋好友。

◆ 运用转场和滤镜效果制作视频
◆ 为视频添加标题字幕
◆ 添加音频文件

# 142

## 视频制作

对素材进行编辑，添加转场效果及遮罩效果制作出婚纱相册的视频。本实例中将具体介绍婚纱相册的视频制作。

素材文件：DVD\ 素材 \ 第 19 章　　　　视频文件：DVD\ 视频 \ 第 19 章 \ 例 142.mp4

**01** 进入会声会影 X9，在视频轨中插入一段视频素材（片头 .mpg），如下图所示。

**02** 展开"选项"面板，切换至"属性"选项卡，选中"变形素材"复选框，如下图所示。

提示：片头视频可以从网上下载，也可以自己制作。

**03** 在预览窗口中单击鼠标右键，执行【调整到屏幕大小】命令，如下图所示。

**04** 在视频轨中单击鼠标右键，执行【插入视频】命令，插入一段视频素材（背景 .AVL），如下图所示。

**05** 进入"选项"面板，设置"区间"参数为 13 秒，在"重新采样选项"下拉列表中选择"保持宽高比（无字母框）"，如下图所示。

**06** 在覆叠轨上 25 秒 4 帧的位置插入一张素材图像（1.JPG），如下图所示。

**07** 在预览窗口中调整素材的形状、大小和位置，如下图所示。

**08** 展开"选项"面板，单击"遮罩和色度键"按钮，设置"边框"参数为 1，如下图所示。切换至"编辑"选项卡，设置"区间"参数为 2 秒 17 帧。

**09** 在覆叠轨 2 中 25 秒 15 帧的位置插入一张素材图片（2.JPG），如下图所示。

**10** 在预览窗口中调整素材的形状、大小和位置，如下图所示。

**11** 设置"边框"参数为 1，如下图所示。切换至"编辑"选项卡，设置"区间"参数为 2 秒 7 帧。

**12** 在覆叠轨 3 中 26 秒的位置插入一张素材图片（3.JPG），如下图所示。

**13** 在预览窗口中调整素材的形状、大小和位置，如下图所示。

**14** 选中覆叠轨 3 中的素材，拖动素材区间使之与覆叠轨 1 中的素材区间一致，如下图所示。

**15** 展开"选项"面板，单击"遮罩和色度键"按钮，设置"边框"参数为 1，如下图所示。

**16** 用同样的方法，在另外 3 个覆叠轨上每隔 10 帧插入一张素材图片（DVD\素材\第 19 章\4、5、8.JPG），如下图所示。

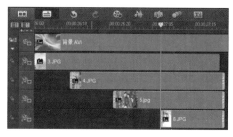

**17** 设置所有素材的"边框"参数为 1。在预览窗口中对每一个素材进行形状、大小和位置的调整，如下图所示。

**18** 在覆叠轨中 27 秒 21 帧的位置，插入 5 张素材图片（2、6、7、5、8.JPG），如下图所示。

**19** 选择覆叠轨中第 2 个素材文件，在预览窗口中调整素材大小及位置，如下图所示。

**20** 展开"选项"面板，单击"淡入动画效果"按钮，如下图所示。

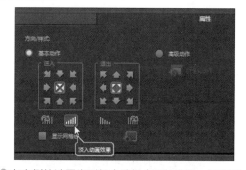

**21** 单击"遮罩和色度键"按钮，选中"应用覆叠选项"复选框，在"类型"下拉列表中选择"遮罩帧"，如下图所示。

**22** 在右侧的遮罩类型组中选择合适的遮罩，如下图所示。

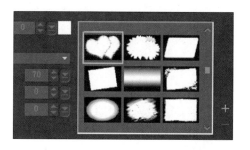

**23** 双击覆叠轨中第三个素材文件，展开"选项"面板，单击"遮罩和色度键"按钮，选中"应用覆叠选项"复选框，并在右侧的遮罩类型组中选择合适的遮罩，如下图所示。

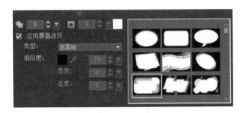

**25** 单击"转场"按钮，在"3D"类别中选择"飞行方块"转场，如下图所示。并将其拖动到覆叠轨 1 上的素材 2 与素材 3 之间。

**27** 选中素材文件，在预览窗口中调整素材的大小及位置，如下图所示。

**29** 双击覆叠轨中第 5 个素材文件，展开"选项"面板，单击"淡出动画效果"按钮，如下图所示。

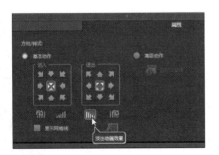

**24** 选中素材文件，在预览窗口中调整素材的大小及位置，如下图所示。

**26** 双击覆叠轨中第 4 个素材文件，展开"选项"面板，单击"遮罩和色度键"按钮，选中"应用覆叠选项"复选框，在右侧的遮罩类型组中选择合适的遮罩，如下图所示。

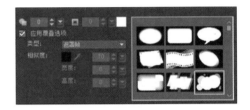

**28** 单击"转场"按钮，在"3D"类型中选择"外观"转场，如下图所示，并将其拖动到覆叠轨 1 上的素材 3 与素材 4 之间。

**30** 单击"遮罩和色度键"按钮，选中"应用覆叠选项"复选框，在"类型"下拉列表中选择"遮罩帧"，并在右侧的遮罩类型组中选择合适的遮罩，如下图所示。

**31** 选中素材文件，在预览窗口中调整素材的大小及位置，如下图所示。

**32** 单击"转场"按钮，在"过滤"类别中选择"交叉淡化"转场，如下图所示，并将其拖动到覆叠轨 1 上的素材 4 与素材 5 之间。

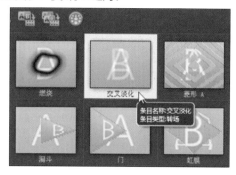

**33** 双击覆叠轨中第六个素材文件，展开"选项"面板，在"方向与样式"选项组中单击"从上方进入"按钮，如下图所示。

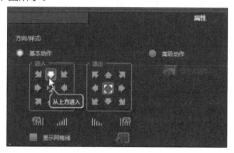

**34** 单击"遮罩和色度键"按钮，设置"边框"参数为 1，如下图所示。

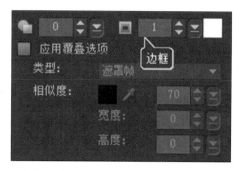

**35** 选中素材文件，在预览窗口中调整素材的大小及位置，如下图所示。

**36** 单击"滤镜"按钮，在"特殊"中选择"雨点"滤镜，如下图所示，并将其拖动到覆叠轨上第 6 个素材上。

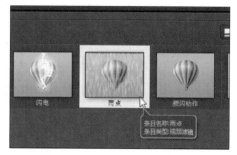

**37** 在视频轨上插入两张素材图像（背景 3、背景 4.JPG），如下图所示。

**38** 选中视频轨中的第三个素材文件，展开"选项"面板，设置"区间"参数为 6 秒，并在"重新采样选项"的下拉列表中选择"调到项目大小"选项，如下图所示。

**39** 单击"转场"按钮，在"过滤"类别中选择"溶解"转场，如下图所示，并将其拖动到视频轨中素材 2 与素材 3 之间，素材 3 与素材 4 之间，如下图所示。

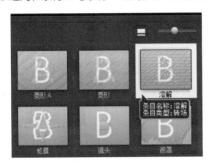

**40** 选中视频轨中的素材 4，展开"选项"面板，设置"区间"参数为 16 秒 22 帧，在"重新采样选项"下拉列表中选择"调到项目大小"选项，如下图所示。

**41** 在覆叠轨 3 中 38 秒 22 帧的位置，插入一张素材图片（9.JPG），如下图所示。

**42** 在预览窗口中调整素材的大小及位置，如下图所示。

**43** 展开"选项"面板，单击"遮罩和色度键"按钮，设置"边框"参数为 1，如下图所示。

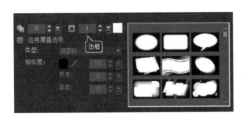

**44** 单击"滤镜"按钮，在"调整"类别中选择"视频摇动和缩放"滤镜，如下图所示，并将其拖动到覆叠轨 3 中的素材 9.jpg 上。

**45** 选中素材，单击鼠标右键，执行【复制】命令，并将其粘贴到覆叠轨 2 上相同的位置上，如下图所示。

**46** 展开"选项"面板，单击"遮罩和色度键"按钮，在弹出的对话框中设置"透明度"参数为 50，如下图所示。

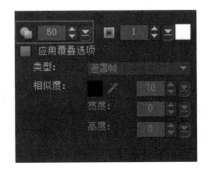

**47** 选中覆叠轨 2 中的素材 2，在预览窗口中调整素材的大小、形状及位置，如下图所示。

**48** 选中覆叠轨 2 中的素材 2 单击鼠标右键，执行【复制】命令，并将其粘贴到覆叠轨 1 上相同的位置上，如下图所示。

**49** 展开"选项"面板，单击"遮罩和色度键"按钮，设置"透明度"参数为 80，如下图所示。

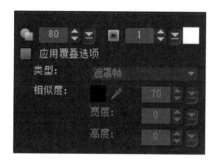

**50** 选中覆叠轨 1 中的素材 7，在预览窗口中调整素材的大小、形状及位置，如下图所示。

**51** 在覆叠轨中插入两张素材图片（10JPG、12.JPG），如下图所示。

**52** 选中覆叠轨中的素材 8，在预览窗口中调整素材的大小及位置，如下图所示。

**53** 选中覆叠轨中的素材 9，在预览窗口中调整素材的大小及位置，如下图所示。

**54** 双击覆叠轨中的素材 8，展开"选项"面板，单击"淡入动画效果"按钮，如下图所示。

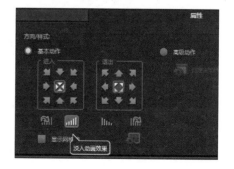

**55** 切换至"编辑"选项卡，设置"区间"参数为 3 秒 3 帧，如下图所示。

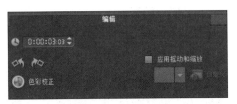

**56** 单击"转场"按钮，在"过滤"类别中选择"溶解"转场，如下图所示。并将其拖动到覆叠轨中素材 8 与素材 9 之间。

**57** 在覆叠轨 2 中 46 秒 14 帧的位置插入一张素材图像，如下图所示。

**58** 在预览窗口中调整素材的大小及位置，如下图所示。

**59** 展开"选项"面板，单击"从左上方进入"按钮，如下图所示。

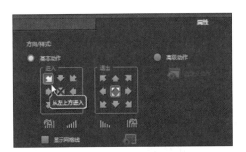

**60** 切换至"滤镜"素材库，在"调整"类别中选择"视频摇动和缩放"滤镜，如下图所示，并将其拖动到覆叠轨中的素材 11.JPG 上。

**61** 在覆叠轨中插入三张素材（13-15.JPG），调整最后一个素材的区间使之与视频轨上的素材区间一致，如下图所示。

**62** 依次选中三个素材，在预览窗口中依次调整三个素材到屏幕大小。依次设置三个素材的"透明度"参数为 50，选中"应用覆叠选项"复选框，然后选择"遮罩帧"，如下图所示。

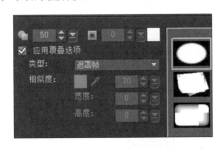

提示：素材区间的调整可以直接在时间轴中拖动素材的黄色边框来决定。

63 在覆叠轨道 4 中 27 秒 22 帧的位置上插入一段
Flash 动画（1.swf），如下图所示。

64 在预览窗口中调整素材的大小和位置，如下图所
示。

65 选中 Flash 动画，单击鼠标右键，执行【复制】命令，
然后将复制的素材粘贴到原素材后面，如下图所示。

66 再次单击鼠标右键，执行【复制】命令，将复制
的素材粘贴到原素材后面，依次复制粘贴两次，并拖
动最后一个素材区间使之与视频轨上的素材区间一
致，如下图所示。

67 在覆叠轨 2 上 45 秒的位置，插入一张素材图像（12.
PNG）并调整到合适区间，如下图所示。

68 在预览窗口中调整素材的大小及位置，如下图所
示。

# 143

## 添加标题字幕

为编辑好的视频添加标题字幕，使影片更加生动活泼。本实例中将具体介绍如何添加标题字幕。

 素材文件：DVD\ 素材 \ 第 19 章

 视频文件：DVD\ 视频 \ 第 19 章 \ 例 143.mp4

**01** 在覆叠轨 5 上 28 秒 5 帧的位置，插入一张素材（1.PNG）并调整到合适区间，如下图所示。

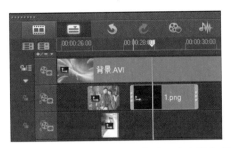

**02** 在预览窗口中调整素材的大小及位置，如下图所示。

**03** 展开"选项"面板，在"属性"选项卡中单击"淡入动画效果"按钮和"淡出动画效果"按钮，如下图所示。

**04** 在覆叠轨 5 中 30 秒 10 帧的位置插入一张素材图像（2.png），并根据需要调整到合适区间，如下图所示。

**05** 在预览窗口中调整素材的大小及位置，如下图所示。

**06** 在覆叠轨 5 中 34 秒 12 帧的位置插入一张素材（3.png），并根据需要调整到合适区间，如下图所示。

**07** 在预览窗口中调整素材的大小及位置，如下图所示。

**08** 展开"选项"面板，单击"淡出动画效果"按钮，如下图所示。

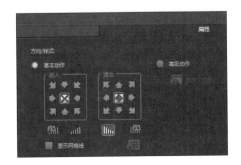

**09** 在覆叠轨5中37秒的位置插入一张素材(4.png)，并根据需要调整到合适区间，如下图所示。

**10** 在预览窗口中调整素材的大小及位置，如下图所示。

**11** 展开"选项"面板，在"属性"选项卡中单击"从下方进入"按钮和"淡入动画效果"按钮，如下图所示。

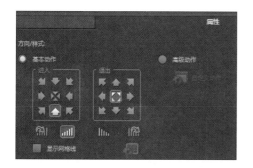

**12** 在覆叠轨5中42秒的位置插入一张素材(5.png)，并根据需要调整到合适区间，如下图所示。

**13** 单击"滤镜"按钮，在"调整"类别中选择"视频平移和缩放"滤镜，如下图所示，并将其拖动到标题轨5中最后一个素材上。

**14** 在预览窗口中调整素材的大小及位置，如下图所示。

**15** 在覆叠轨5中47秒10的位置插入一张素材（6.PNG），并根据需要调整到合适区间，如下图所示。

**16** 展开"选项"面板，单击"淡入动画效果"按钮，如下图所示。

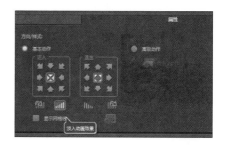

**17** 在预览窗口中调整素材的大小及位置，如下图所示。

**18** 在覆叠轨5中50秒的位置插入一张素材（7.png），并根据需要调整到合适区间，如下图所示。

**19** 展开"选项"面板，单击"暂停区间前旋转"按钮，如下图所示。

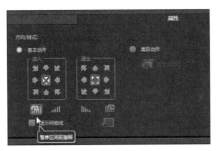

**20** 在预览窗口中调整素材的大小、形状及位置，如下图所示。

 提示：这里的字幕文件是在 PS 里制作好并导出为 (*PNG) 格式的字幕图片。

**21** 在标题轨中 52 秒 14 帧的位置单击鼠标，然后单击"标题"按钮，在预览窗口中双击鼠标，使标题进入输入状态，输入标题内容为"执子之手"，如下图所示。

**22** 进入标题编辑状态，展开"选项"面板，设置"字体"为方正流行体简体，"字体大小"参数为 90，"按角度旋转"参数为 12，如下图所示。

**23** 单击"边框 / 阴影 / 透明度"按钮，在"边框"选项卡中设置"边框宽度"参数为1，"线条色彩"为黑色，如下图所示

**24** 切换至"阴影"选项卡，单击"下垂阴影"按钮，设置"X"参数为 8.0，"Y"参数为 5.0，"下垂阴影色彩"为黑色，如下图所示。单击"确定"按钮完成设置。

**25** 切换至"属性"选项卡,选中"应用"复选框,在"动画类型"下拉列表中选择"飞行"类别,并选择合适的动画类型,然后单击"自定动画属性"按钮,如下图所示。

**26** 在弹出的对话框中设置"起始单位"和"终止单位"均为"字符",单击"从右边进入""从左边离开"按钮,如下图所示。单击"确定"按钮完成设置。

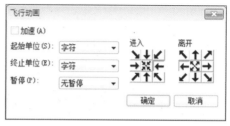

**27** 选中标题轨上的素材,拖动区间使之与视频轨中的素材区间一致,如下图所示。

**28** 单击鼠标右键,执行【复制】命令,将其粘贴到标题轨 2 上 55 秒的位置并拖动使之与视频中的素材区间一致,如下图所示。

**29** 选中标题轨 2 中的素材,然后在导览面板中双击鼠标,修改标题内容为"与子偕老",并调整角度,如下图所示。

**30** 在导览面板中调整暂停区间,如下图所示。

**31** 在标题轨上 52 秒 22 帧的位置单击鼠标,然后在预览窗口中双击鼠标,并输入标题内容"the end",如下图所示。

**32** 展开"选项"面板,切换至"属性"选项卡,选中"应用"复选框,在"选取动画类型"下拉列表中选择"移动路径",并选择合适的动画类型,如下图所示。

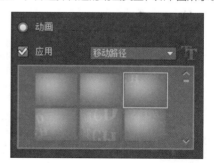

**33** 切换至"编辑"选项卡，设置"区间"参数为1秒，如下图所示。

**34** 在导览面板中调整暂停区间，如下图所示。

# 144

## 添加音频文件

为编辑好的视频添加音频文件，使视觉与听觉更加融合统一。本实例中将具体介绍音频的添加。

素材文件：DVD\ 素材 \ 第 19 章

视频文件：DVD\ 视频 \ 第 19 章 \ 例 144.mp4

**01** 时间轴中单击鼠标右键执行【插入音频】|【到音乐轨 #1】命令，如下图所示。

**02** 在音乐轨中插入一段音频素材（鞭炮声 .mp3），并调整素材区间使之与视频轨中素材 1 区间一致，如下图所示。

**03** 时间轴中单击鼠标右键执行【插入音频】|【到音乐轨 #2】命令，如下图所示。

**04** 在音乐轨中插入一段音频素材（DVD\ 素材 \ 第 19 章 \ 背景音乐 .mp3），并调整素材区间使之与标题轨 1 中素材区间一致，如下图所示。

**05** 单击时间轴视图中的"混音器"按钮，切换至混音器视图，如下图所示。

**06** 调整音乐轨 #1 和音乐轨 #2 中素材的黄色音量调节线，如下图所示。

**07** 婚纱相册制作完成，单击导览面板中的"播放"按钮，即可预览最终效果。

# 第20章

## 少女写真——魅力青春

会声会影能将拍摄的写真照做成电子写真集，将自己的青春美丽永久保存。在本章中将介绍电子写真集的制作。

◆ 运用转场和滤镜效果制作视频

◆ 为视频添加标题字幕

◆ 添加音频文件

# 145

## 视频制作

对素材进行编辑，添加转场效果及遮罩效果制作出写真集的视频。本实例中将具体介绍写真集的视频制作。

 素材文件：DVD\ 素材 \ 第 20 章

 视频文件：DVD\ 视频 \ 第 20 章 \ 例 145.mp4

**01** 在视频轨中添加素材图片（背景 1.jpg），调整区间为 1 分 32 秒，如下图所示。

**02** 进入"选项"面板，在"重新采样选项"下拉列表中选择"调到项目大小"，如下图所示。

**03** 单击"图形"按钮，在"Flash 动画"中选择条目 MOTIONF13，将其添加到覆叠轨 1 中两次，如下图所示。

**04** 在覆叠轨 4 中添加素材图片（边框 .png），在"编辑"选项卡中单击"将照片顺时针旋转 90°"按钮，并设置区间为 6 秒，然后在预览窗口中调整素材的大小及位置，如下图所示。

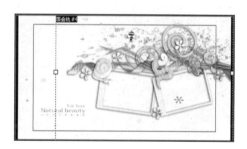

**05** 在"选项"面板中单击"从上方进入"按钮，如下图所示。

**06** 在覆叠轨 2 和覆叠轨 3 中分别添加素材图片，如下图所示。

**07** 在预览窗口中分别调整素材大小及形状，如下图所示。

**08** 分别选择素材，在选项面板中单击"淡入动画效果"按钮，如下图所示。

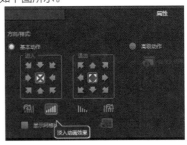

**09** 在覆叠轨 2 中添加一张素材图片，在"选项"面板中单击"遮罩和色度键"按钮，选中"应用覆叠选项"复选框，添加合适的遮罩帧，如下图所示。

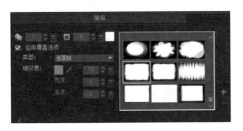

**10** 关闭列表，单击"高级动作"单选按钮，在弹出的对话框中设置第 1 帧位置和大小选项组中的参数均为 0。将滑块拖至第 2 秒 11 帧的位置，添加关键帧并在预览窗口中调整素材的大小，如下图所示。

**11** 将第 2 帧复制并粘贴到最后 1 帧。单击"确定"按钮完成设置。在该素材后继续添加素材，在两个素材之间添加"手风琴 -3D"转场，如下图所示。

**12** 用同样的方法，为素材添加相同的遮罩项，在预览窗口中调整素材的大小及位置，如下图所示。

**13** 在"滤镜"素材库中选择"镜头闪光"滤镜，并添加到素材上，在"选项"面板中单击"自定义滤镜"按钮，如下图所示。

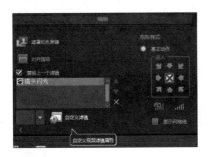

**14** 在弹出的对话框中将中心点调至右上角位置，如下图所示。单击"确定"按钮完成设置。

**15** 继续添加素材图片并添加遮罩项，在预览窗口中调整素材的大小及位置，如下图所示。

**16** 在素材之间添加"遮罩 D- 遮罩"转场。进入"选项"面板，单击"自定义"按钮，在弹出的对话框中选择合适的遮罩，如下图所示。

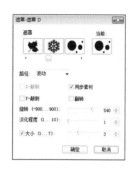

**17** 单击"确定"按钮。在覆叠轨 2 中继续添加素材图片，并为素材添加遮罩效果，如下图所示。

**18** 添加"遮罩 F- 遮罩"转场到两素材之间，在"选项"面板中单击"自定义"按钮，在弹出的对话框中选择合适的遮罩，如下图所示。

**19** 继续添加素材，并为素材添加遮罩帧，在预览窗口中调整素材的大小及位置，如下图所示。

**20** 为素材添加"手风琴 -3D"转场。继续添加素材并设置遮罩帧，如下图所示。

**21** 为素材添加"面 -3D"转场。在覆叠轨 3 合适的位置添加两个"Flash 动画"素材库中条目 MotionF13，如下图所示。

**22** 在覆叠轨 4 中添加"对象"素材库中的条目 D25，在"选项"面板中单击"淡入动画效果"按钮，效果如下图所示。

**23** 在覆叠轨 2 和覆叠轨 3 中合适的位置分别添加素材，如下图所示。

**24** 为素材添加遮罩和画中画滤镜效果，如下图所示。

**25** 在覆叠轨 3 中添加素材并在素材之间添加"3D 比萨盒 -NewBlue 样式转场"转场，如下图所示。

**26** 在"选项"面板中单击"遮罩和色度键"按钮，设置边框参数为 2，在预览窗口中调整素材的大小及位置，如下图所示。

**27** 为素材添加"视频摇动和缩放"滤镜。在覆叠轨 4 中添加素材，如下图所示。

**28** 在"选项"面板单击"从上方进入"按钮，然后单击"遮罩和色度键"按钮，设置边框参数为 2。在预览窗口中调整素材的大小及形状，如下图所示。

**29** 为素材添加"视频摇动和缩放"滤镜。用同样的操作方法制作其他视频效果，如下图所示。

**30** 在时间轴中添加两个素材图片，为素材添加遮罩效果，并在预览窗口中调整素材的大小及位置，如下图所示。分别设置两个素材区间前旋转动画效果及由上方进入、由下方进入效果。

**31** 继续添加素材，并为素材添加遮罩效果，如下图所示。为两个素材设置淡入动画效果。

**32** 在覆叠轨 1 中继续添加"Flash 动画"素材库中条目 MotionF13，如下图所示。

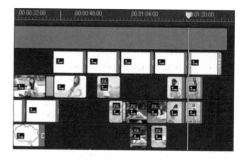

# 146

## 添加标题字幕

为编辑好的视频添加标题字幕，使影片更加生动活泼。本实例中将具体介绍添加标题字幕的方法。

素材文件：DVD\ 素材 \ 第 20 章

视频文件：DVD\ 视频 \ 第 20 章 \ 例 146.mp4

**01** 在 4 秒的位置单击鼠标，然后单击"标题"按钮，在预览窗口中输入字幕，如下图所示。

**02** 在"编辑"选项卡中单击"将方向更改为垂直"按钮，设置"字体"为汉仪黛玉体简，设置字体"大小"为57，"颜色"为绿色，如下图所示。

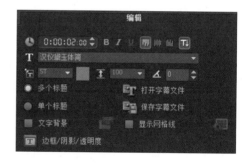

**03** 进入"属性"选项卡，选中"应用"复选框，然后选择"淡化"类别的第 2 个预设效果，如下图所示。

**04** 在合适的位置单击鼠标，继续添加字幕，如下图所示。

**05** 进入"编辑"选项卡，设置字体参数，如下图所示。

**06** 进入"属性"选项卡，选择"飞行"类别的第 6 个预设效果，然后单击"自定义动画属性"按钮，在弹出的对话框中设置参数，如下图所示。

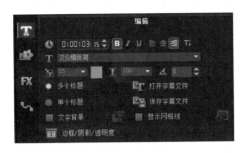

**07** 单击"确定"按钮完成设置。在"标题"素材库中选择合适的标题，如下图所示，将其添加到标题轨中合适的位置。

**08** 在编辑选项卡中选择字体颜色，并在预览窗口中修改字幕内容及大小，如下图所示。

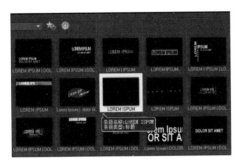

**09** 继续在预览窗口中输入字幕，修改字体为黑体，动画效果为淡化的第 1 个预设效果，如下图所示。

**10** 在时间轴中调整标题的位置，如下图所示。用同样的操作方法添加其他的字幕。

# 147

## 添加音频文件

为编辑好的视频添加音频文件，使视觉与听觉更加融合统一。本实例中将具体介绍音频的添加。

 素材文件：DVD\ 素材 \ 第 20 章

 视频文件：DVD\ 视频 \ 第 20 章 \ 例 147.mp4

**01** 在时间轴中单击鼠标右键，执行【插入音频】|【到音乐轨】命令，如下图所示。

**02** 在音乐轨中插入一段音频素材（DVD\ 素材 \ 第 20 章 \ 音乐 .mp3），并调整区间使之与视频轨区间一致，如下图所示。

**03** 进入"选项"面板，单击"淡入"和"淡出"按钮，如右图所示。至此，个人写真视频制作完成，单击导览面板中的"播放"按钮，预览最终效果。

# 第21章

## 城市宣传——魅力长沙

城市宣传片作为一个年轻的新生事物，有着不可替代的宣传作用，在会声会影中，我们也能轻松地制作出不一样的宣传片。本章将要制作的是长沙城市宣传片。

◆ 运用转场和滤镜效果制作视频

◆ 为视频添加标题字幕

◆ 添加音频文件

# 148

## 视频制作

将素材运用会声会影进行编辑，并添加转场效果制作出宣传视频。本实例中将具体介绍魅力长沙视频的制作方法。

 素材文件：DVD\ 素材 \ 第 21 章

 视频文件：DVD\ 视频 \ 第 21 章 \ 例 148.mp4

**01** 进入会声会影编辑器，在视频轨中插入素材（1.mov），如下图所示。

**02** 展开"选项"面板，切换至"视频"选项卡，设置其"区间"参数为 6 秒，"重新取样选项"为"调到项目大小"，如下图所示。

**03** 在视频轨中插入素材（026.avi），展开"选项"面板，切换至"视频"选项卡，设置"区间"参数为 6 秒 16 帧，"重新取样选项"为"保持宽高比（无字母框）"，如下图所示。

**04** 在视频轨中继续插入素材（中国 .jpg），展开"选项"面板，切换至"照片"选项卡，设置"区间"参数为 4 秒 5 帧，"重新取样选项"为"保持宽高比（无字母框）"，如下图所示。

**05** 单击"滤镜"按钮，切换至"滤镜"素材库，在"画廊"的下拉列表中选择"标题效果"类别，接着选择"视频平移和缩放"滤镜，如下图所示，并将其拖到素材（中国 .jpg）上。

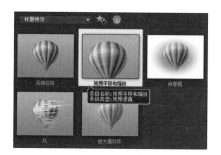

**06** 切换至"属性"选项卡，单击"自定义滤镜"按钮，如下图所示。

**07** 在弹出的对话框中选择第 1 个关键帧，设置"缩放率"为 112%，并调整中心点的位置，如下图所示。

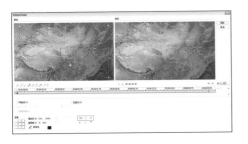

**08** 将鼠标滑块移到 2 秒 3 帧的位置，单击"添加关键帧"按钮，然后设置"缩放率"为 187%，并调整中心点的位置，如下图所示。

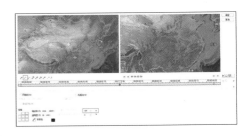

**09** 按 Ctrl+C 组合键复制关键帧，将鼠标滑块移到最后一个关键帧的位置，接着按 Ctrl+V 组合键粘贴关键帧，如下图所示。单击"确定"按钮完成设置。

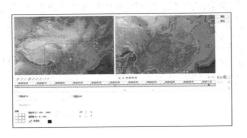

**10** 单击"转场"按钮，切换至"转场"素材库，在画廊下拉列表中选择"过滤"类别，接着选择"打碎"转场效果，如下图所示，将其拖到素材（026.avi）和素材（中国 .jpg）之间。

**11** 单击"图形"按钮，在"Flash 动画"中选择条目"FL-F04.swf"，将其添加到覆叠轨 1 中 6 秒的位置，如下图所示。

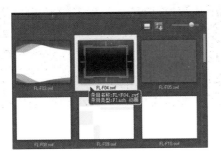

**12** 展开"选项"面板，切换至"编辑"选项卡，设置其"区间"参数为 9 秒 16 帧，"重新取样选项"为"保持宽高比"，如下图所示。

**13** 切换至"属性"选项卡，单击"淡出动画效果"按钮，如下图所示。

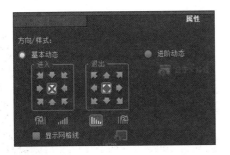

**14** 在覆叠轨 2 中 6 秒的位置，插入素材（JJ.psd），并在预览窗口调整其大小和位置，如下图所示。

**15** 展开"选项"面板，切换至"属性"选项卡，单击"从左边进入"和"从右边退出"按钮，如下图所示。

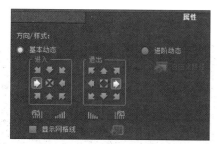

**16** 在覆叠轨 2 中 12 秒 17 帧的位置，插入素材（圈圈 .psd），并在预览窗口调整其大小和位置，如下图所示。

**17** 单击"滤镜"按钮，切换至"滤镜"素材库，在"画廊"的下拉列表中选择"相机镜头"类别，接着选择"旋转"滤镜，如下图所示，并将其拖到素材（圈圈 .psd）上。

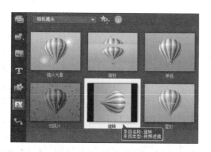

**18** 单击"滤镜"按钮，切换至"滤镜"素材库，在"画廊"的下拉列表中选择"NewBlue 视频精选 2"类别，接着选择"画中画"滤镜，如下图所示，并将其拖到素材（圈圈 .psd）上。

**19** 展开"选项"面板，选择"画中画"滤镜，并单击"自定义滤镜"按钮，如下图所示。

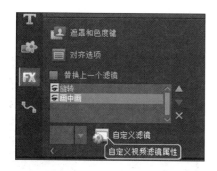

**20** 在弹出的对话框中选择第 1 个关键帧，单击"重置为无"，设置"X"参数为 0，"Y"参数为 0，"尺寸"参数为 100，如下图所示。

**21** 把鼠标滑块移到 1 秒 5 帧的位置，单击"重置为无"，设置"X"参数为 -25.6，"Y"参数为 -16.3，"尺寸"参数为 30，如下图所示。

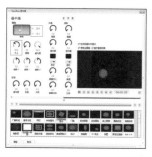

**22** 按 Ctrl+C 组合键复制关键帧，将鼠标滑块移到最后一个关键帧的位置，接着按 Ctrl+V 组合键粘贴关键帧，如下图所示。

**23** 单击"确定"按钮完成设置，在预览窗口调整其大小及位置。返回"属性"选项卡，单击"淡入动画效果"和"淡出动画效果"，如下图所示。

**24** 在视频轨 15 秒 21 帧的位置，插入素材（飞机.avi），如下图所示。

**25** 展开"选项"面板，切换至"视频"选项卡，设置其"区间"参数为 7 秒 20 帧，"重新取样选项"为"保持宽高比（无字母框）"，如下图所示。

**26** 单击"转场"按钮，切换至"转场"素材库，在画廊下拉列表中选择"擦拭"类别，接着选择"流动"转场效果，如下图所示，将其拖到素材（中国.jpg）和素材（飞机.avi）之间。

**27** 在视频轨 23 秒的位置，插入素材（01.jpg），如下图所示。

**28** 单击"滤镜"按钮，切换至"滤镜"素材库，在"画廊"的下拉列表中选择"标题效果"类别，接着选择"视频平移和缩放"滤镜，并将其拖到素材（01.jpg）上，如下图所示。

**29** 切换至"属性"选项卡，单击"自定义滤镜"按钮，如下图所示。

**30** 在弹出的对话框中选择第一个关键帧，设置"缩放率"为 102%，并调整中心点的位置，如下图所示。

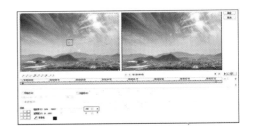

**31** 将鼠标滑块移到最后一个关键帧位置，然后设置"缩放率"为 146%，并调整中心点的位置，单击"确定"按钮完成设置，如下图所示。

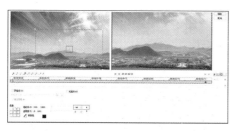

**33** 在视频轨中按顺序插入素材（02.jpg）、素材（03.jpg）、素材（04.jpg）、素材（05.jpg）、素材（06.jpg）、素材（07.jpg）、素材（08.jpg），如下图所示。

**35** 为素材（02.jpg）添加"视频平移和缩放"滤镜，切换至"属性"选项卡，单击"自定义滤镜"按钮，如下图所示。

**37** 将鼠标滑块移到最后一个关键帧位置，然后设置"缩放率"为 114%，并调整中心点的位置，单击"确定"按钮完成设置，如下图所示。

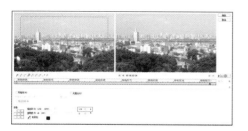

**32** 单击"转场"按钮，切换至"转场"素材库，在画廊下拉列表中选择"遮罩"类别，接着选择"遮罩C"转场效果，如下图所示，将其拖到素材（飞机 .avi）和素材（01.jpg）之间。

**34** 选择素材（02.jpg），展开"选项"面板，切换至"照片"选项卡，设置"重新采样选项"为"保持宽高比（无字母框）"，如下图所示。

**36** 在弹出的对话框中选择第一个关键帧，设置"缩放率"为 108%，并调整中心点的位置，如下图所示。

**38** 同理，调整后面 6 张素材的大小和"区间"，设置素材（03.jpg）"区间"参数为 2 秒 21 帧，素材（05.jpg）"区间"参数为 2 秒 19 帧，素材（06.jpg）"区间"参数为 3 秒 06 帧，其余素材"区间"参数均保持默认"区间"参数 3 秒，如下图所示。

**39** 分别为素材（03.jpg）、素材（04.jpg）、素材（05.jpg）、素材（06.jpg）、素材（07.jpg）、素材（08.jpg）添加"视频平移和缩放"滤镜，相应调整滤镜关键帧参数，如下图所示。

**40** 依次在素材（01.jpg）和素材（02.jpg）之间，素材（03.jpg）和素材（04.jpg）之间，素材（05.jpg）和素材（06.jpg）之间，素材（07.jpg）和素材（08.jpg）之间添加"飞行"转场效果，如下图所示。

**41** 在覆叠轨1中41秒23帧的位置插入素材（2.mov），在"编辑"选项卡设置"区间"参数为5秒18帧，并在预览窗口单击鼠标右键，执行【调整到屏幕大小】命令，如下图所示。

**42** 切换至"属性"选项卡，单击"淡入动画效果"和"淡出动画效果"，如下图所示。

**43** 在覆叠轨1中47秒16帧的位置插入素材（09.jpg），在预览窗口将其调整到屏幕大小，并在"编辑"选项卡设置其"区间"参数为4秒19帧，如下图所示。

**44** 单击"滤镜"按钮，切换至"滤镜"素材库，在"画廊"的下拉列表中选择"标题效果"类别，接着选择"视频平移和缩放"滤镜，如下图所示，并将其拖到素材（09.jpg）上。

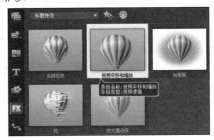

**45** 切换至"属性"选项卡，单击"自定义滤镜"按钮，在弹出的对话框中选择第1个关键帧，设置"缩放率"为149%，并调整中心点的位置，如下图所示。

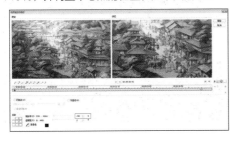

**46** 将鼠标滑块移到3秒2帧的位置，单击"添加关键帧"按钮，然后设置"缩放率"为103%，并调整中心点的位置，如下图所示。

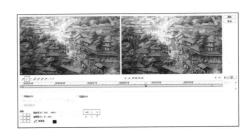

**47** 按 Ctrl+C 组合键复制关键帧，将鼠标滑块移到最后一个关键帧的位置，接着按 Ctrl+V 组合键粘贴关键帧，单击"确定"按钮完成设置，如下图所示。

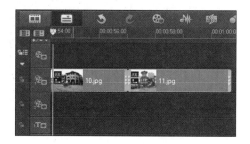

**48** 返回至"属性"选项卡，单击"淡入动画效果"按钮，如下图所示。

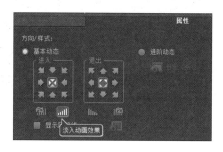

**49** 在覆叠轨 1 中 52 秒 10 帧的位置按顺序插入素材（10.jpg）和素材（11.jpg），并在预览窗口将其调整到屏幕大小，如下图所示。

**50** 选择素材（10.jpg），展开"选项"面板，切换至"编辑"选项卡，设置其"区间"参数为 4 秒 16 帧，如下图所示。

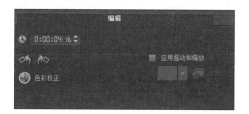

**51** 为素材（10.jpg）添加"视频摇动和缩放"滤镜，切换至"属性"选项卡，单击"自定义滤镜"按钮，在弹出的对话框中选择第一个关键帧，设置"缩放率"为 153%，并调整中心点的位置，如下图所示。

**52** 将鼠标滑块移到 2 秒 24 帧的位置，单击"添加关键帧"按钮，然后设置"缩放率"为 100%，并调整中心点的位置，如下图所示。

**53** 按 Ctrl+C 组合键复制关键帧，将鼠标滑块移到最后一个关键帧的位置，接着按 Ctrl+V 组合键粘贴关键帧，单击"确定"按钮完成设置，如下图所示。

**54** 返回至"属性"选项卡，单击"淡入动画效果"按钮，如下图所示。

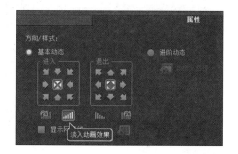

**55** 选择素材（11.jpg），在"编辑"选项卡中设置其"区间"参数为 3 秒 17 帧，如下图所示。

**56** 同样，为素材添加"视频摇动和缩放"滤镜，并设置滤镜参数，如下图所示。

**57** 在素材（09.jpg）和素材（10.jpg）之间添加"对角线—覆叠转场"转场效果，然后在素材（10.jpg）和素材（11.jpg）之间添加"转动—时钟"转场效果，如下图所示。

**58** 在覆叠轨 2 中 47 秒 16 帧的位置插入素材（old-movie.mov），在预览窗口调整其大小，并在"编辑"选项卡设置其"区间"参数为 9 秒 10 帧，如下图所示。

**59** 切换至"属性"选项卡，单击"遮罩和色度键"按钮，在弹出的对话框中勾选"应用覆叠选项"复选框，设置"选取覆叠类型"为"色度键"，如下图所示。

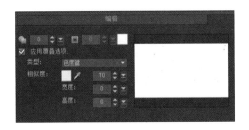

**60** 复制覆叠轨 1 中 41 秒 23 帧位置的素材（2.mov），然后将其粘贴到 1 分 0 秒 18 帧位置，如下图所示。

**61** 在覆叠轨 1 中 1 分 6 秒 11 帧位置插入素材（湖湘文化.avi），在预览窗口调整其大小，展开"选项"面板，切换至"编辑"选项卡，设置其"区间"参数为 3 秒 2 帧，如下图所示。

**62** 在覆叠轨 1 中 1 分 9 秒 13 帧位置插入素材（杜甫江阁.jpg），在预览窗口调整其大小，展开"选项"面板，切换至"编辑"选项卡，设置其"区间"参数为 2 秒 7 帧，如下图所示。

**63** 在素材（湖湘文化 .avi）和素材（杜甫江阁 .jpg）之间添加"方盒—伸展"转场效果，如下图所示。

**64** 在覆叠轨 1 中按顺序插入素材（12.jpg）、素材（13.jpg）、素材（14.jpg）、素材（15.jpg）、素材（16.jpg）、素材（17.jpg）、素材（18.jpg）、素材（19.jpg）、素材（20.jpg）、素材（21.jpg）、素材（22.jpg）、素材（23.jpg），依次调整素材大小和区间，如下图所示。

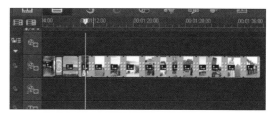

**65** 依次在素材（杜甫江阁 .jpg）和素材（12.jpg）之间、素材（12.jpg）和素材（13.jpg）之间添加"方盒—伸展"转场效果，如下图所示。

**66** 同理，在素材（13.jpg）、素材（14.jpg）、素材（15.jpg）、素材（16.jpg）、素材（17.jpg）、素材（18.jpg）两两之间依次添加"遮罩 A—遮罩""圆形—擦拭""列—擦拭""百叶窗—擦拭""方盒—伸展"转场，如下图所示。

**67** 同理，在素材（19.jpg）、素材（20.jpg）、（21.jpg）、素材（22.jpg）、素材（23.jpg）两两之间依次添加"面—3D""单向—时钟""对开门—3D""交叉—果皮"转场，如下图所示。

**68** 复制覆叠轨 1 中 41 秒 23 帧位置的素材（2.mov），然后将其粘贴到 1 分 39 秒 14 帧位置，如下图所示。

**69** 在覆叠轨 1 中 1 分 45 秒 7 帧的位置插入素材"民俗 3.avi"，1 分 56 秒 10 帧的位置插入素材"民俗 2.avi"，1 分 59 秒 11 帧的位置插入素材"民俗 6.mpg"，2 分 16 秒 14 帧的位置插入素材"民俗 7.mpg"，如下图所示。

**70** 复制覆叠轨 1 中 41 秒 23 帧位置的素材（2.mov），然后将其粘贴到 2 分 31 秒 23 帧位置，在素材（2.mov）之后继续依次插入素材"经济 2.mpg"、素材"经济 3.mpg"、素材"都市 .mpg"，分别调整其大小及区间，如下图所示。

**71** 在覆叠轨 1 中 3 分 19 秒 3 帧的位置依次插入素材（风景 .wmv）、（民俗 2.avi）、（民俗 3.avi）、（经济 1.mpg），分别调整素材大小和区间，如右图所示。

# 149

## 添加标题字幕

为编辑好的视频添加标题字幕，使影片更加生动活泼。本实例中将具体介绍如何添加标题字幕。

 素材文件：DVD\ 素材 \ 第 21 章

 视频文件：DVD\ 视频 \ 第 21 章 \ 例 149.mp4

**01** 单击"标题"按钮，在"标题"素材库中选择条目 "LOREM IPSUM/DOLOR SIT AMET"，并将其拖到标题轨 1 上的 0 秒位置，如下图所示。

**03** 展开"选项"面板，切换至"编辑"选项卡，设置"字体"为"方正行楷简体"，"字体大小"为 70，"色彩"为黄色，如下图所示。

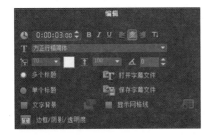

**02** 双击标题素材，然后在预览窗口中双击鼠标，更改标题的内容为"魅力长沙 /The charm of Changsha"，如下图所示。

**04** 单击"边框 / 阴影 / 透明度"按钮，在弹出的对话框中设置"边框宽度"为 0，如下图所示。单击"确定"按钮完成设置。

**05** 选择标题的英文内容部分"The charm of Changsha",在"编辑"选项卡中,设置"字体"为"@书体坊米沛体","字体大小"为35,"色彩"为黄色,如下图所示。

**06** 分别选择标题的中、英文部分,在"属性"选项卡选择"浮雕"滤镜效果,然后单击"删除滤镜"按钮,将其删除,如下图所示。

**07** 选中标题素材,单击鼠标右键,执行【复制】命令,并将复制的素材粘贴到原素材后面,如下图所示。

**08** 在"属性"选项面板删除"老电影"和"缩放动作"滤镜,然后取消勾选"应用"复选框,如下图所示。

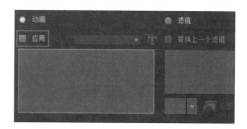

**09** 在预览窗口调整标题的位置,如下图所示。

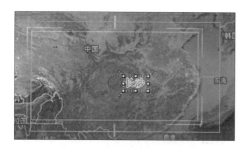

**10** 单击"标题"按钮,在"标题"素材库中选择条目"Lorem ipsum",如下图所示,并将其拖到标题轨1上的12秒16帧位置。

**11** 双击标题素材,然后在预览窗口中双击鼠标,更改标题的内容为"长沙",如下图所示。

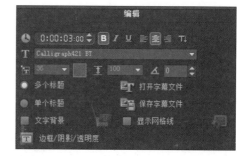

**12** 展开"选项"面板,切换至"编辑"选项卡,设置"字体大小"为36,如下图所示,并在预览窗口调整其位置。

**13** 单击"标题"按钮，在"标题"素材库中选择条目"Lorem ipsum"，并将其拖到标题轨 1 上的 15 秒 16 帧位置，如下图所示。

**14** 双击标题素材，然后在预览窗口中双击鼠标，更改标题的内容为"梦想从这里起飞"，如下图所示。

**15** 展开"选项"面板，切换至"编辑"选项卡，调整"区间"参数为 6 秒 9 帧，并设置"字体大小"为 50，"色彩"为绿色，如下图所示。

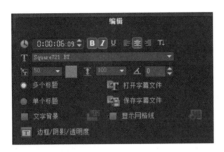

**16** 单击"边框 / 阴影 / 透明度"按钮，在弹出的对话框中勾选"外部边界"复选框，设置"边框宽度"为 5，线条色彩为白色，如下图所示。

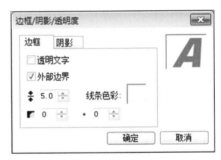

**17** 单击"确定"按钮完成设置。在预览窗口调整标题的位置，如下图所示。

**18** 单击"标题"按钮，在"标题"素材库中选择条目"LOREM IPSUM"，如下图所示，并将其拖到标题轨 2 上的 20 秒 9 帧位置。

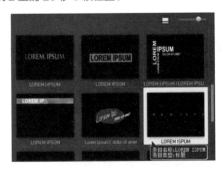

**19** 双击标题素材，然后在预览窗口中双击鼠标，更改标题的内容为"一座城市就是一部传奇"，如下图所示。

**20** 展开"选项"面板，切换至"编辑"选项卡，调整"区间"参数为 6 秒 8 帧，并设置"字体"为"汉仪行楷简"，"字体大小"为 50，如下图所示。

**21** 在预览窗口调整标题的位置，如下图所示。

**23** 双击标题素材，然后在预览窗口中双击鼠标，更改标题的内容为"这是一座有着 2000 余年悠久文化历史的城市"，如下图所示。

**25** 单击"确定"按钮完成设置。在预览窗口调整标题的位置，如下图所示。

**27** 用同样的方法，在标题轨 1 中 31 秒 24 帧的位置创建出内容为"这是一座有着特色美食和娱乐气息的城市"的标题，36 秒 24 帧的位置创建出内容为"这是一座有着敢闯敢拼、敢为人先精神的城市"的标题，如下图所示。

**22** 单击"标题"按钮，在"标题"素材库中选择条目"Lorem ipsum"，如下图所示，并将其拖到标题轨 1 上的 22 秒位置。

**24** 展开"选项"面板，切换至"编辑"选项卡，调整"区间"参数为 4 秒 17 帧，并设置"字体"为"汉仪魏碑简"，"字体大小"为 25，"色彩"为黑色，单击"自定义文字背景的属性"按钮，在弹出的对话框中设置文字背景颜色为白色，如下图所示。

**26** 复制标题素材，把复制的标题素材粘贴到标题轨 1 中 27 秒的位置，并更改标题的内容为"这是一座有着独特旅游文化，民族风情浓郁的城市"，如下图所示。

**28** 单击"标题"按钮，在"标题"素材库中选择条目"Lorem ipsum"，如下图所示，并将其拖到标题轨 1 上的 41 秒 23 帧位置。

**29** 双击标题素材，然后在预览窗口中双击鼠标，更改标题的内容为"历史演变"，如下图所示。

**31** 按 Ctrl+C 组合键复制标题，然后分别将其粘贴至标题轨 1 中 1 分 0 秒 18 帧的位置、1 分 39 秒 14 帧的位置、2 分 31 秒 23 帧的位置，依次更改标题内容为"旅游文化""民俗风情""经济发展"，如下图所示。

**33** 双击标题素材，然后在预览窗口中双击鼠标，更改标题的内容为"古代长沙街巷"，如下图所示。

**35** 切换至"属性"选项卡，分别选择"浮雕"和"光线"滤镜，单击"删除滤镜按钮"，将其删除，如下图所示。

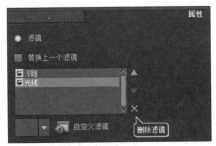

**30** 展开"选项"面板，切换至"编辑"选项卡，调整"区间"参数为 5 秒 18 帧，并设置"字体"为"汉仪行楷简"，"字体大小"为 60，"色彩"为白色，如下图所示。

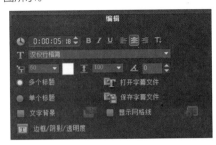

**32** 单击"标题"按钮，在"标题"素材库中选择条目"LOREM IPSUM"，如下图所示，并将其拖到标题轨 1 上的 48 秒 1 帧位置。

**34** 展开"选项"面板，切换至"编辑"选项卡，调整"区间"参数为 2 秒 22 帧，并设置"字体大小"为 25，"色彩"为黑色，如下图所示。

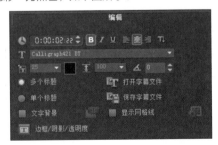

**36** 在预览窗口调整标题的位置，如下图所示。

**37** 按 Ctrl+C 组合键复制标题，然后分别将其粘贴至标题轨 1 中 52 秒 10 帧的位置和 57 秒 6 帧的位置，依次更改标题内容为"近代长沙大街""现代长沙步行街"，如下图所示。

**38** 复制标题轨 1 中 36 秒 24 帧处的标题，然后将其粘贴至标题轨 1 中 1 分 7 秒 0 帧的位置，并更改标题内容为"长沙的旅游资源以历史名胜为特色"，如下图所示。

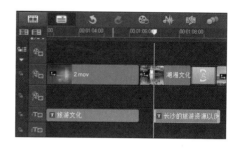

**39** 展开"选项"面板，切换至"编辑"选项卡，调整"区间"参数为 2 秒 17 帧，如下图所示。

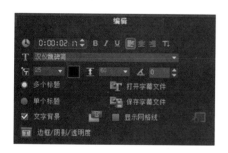

**40** 在标题轨 1 中 1 分 9 秒 17 帧的位置，单击"标题"按钮，然后在预览窗口中双击鼠标，输入字幕内容"杜甫江阁"，如下图所示。

**41** 展开"选项"面板，切换至"编辑"选项卡，调整"区间"参数为 19 帧，单击"将方向更改为垂直"按钮，并设置"字体"为"汉仪魏碑简"，"字体大小"为 40，"色彩"为黑色，如下图所示。

**42** 切换至"属性"选项卡，勾选"应用"复选框，"选取动画类型"为"弹出"，在下拉列表中选择第 7 种动画类型，如下图所示。

**43** 选中标题素材，单击鼠标右键，执行【复制】命令，并将复制的素材粘贴到原素材后面，如下图所示。

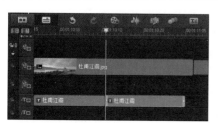

**44** 选中刚粘贴的素材，进入"选项"面板，切换至"属性"选项卡，取消勾选"应用"复选框，如下图所示。

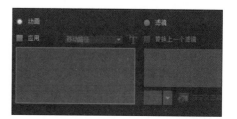

**45** 在预览窗口调整标题的位置，如下图所示。

**47** 用同样的方法，在相应的时间和位置依次创建出"橘子洲头""天心阁""岳麓山""火宫殿""省博物馆"、"爱晚亭""天心公园""烈士公园""海底世界""世界之窗""太平街巷""水中戏龙""歌舞升平""杂技表演""休闲生活""特色餐饮""欢乐演出""科研生产""外贸创新""繁华商业"等标题，如右图所示。

**48** 单击"标题"按钮，在"标题"素材库中选择条目"Lorem ipsum"，如下图所示，并将其拖到标题轨 1 上的 3 分 18 秒 23 帧位置。

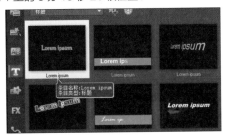

**50** 展开"选项"面板，切换至"编辑"选项卡，设置"字体大小"为 65，"色彩"为绿色，如下图所示。

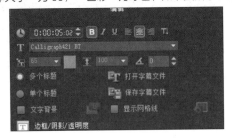

**52** 按 Ctrl+C 组合键复制标题，然后分别将其粘贴至标题轨 1 中 3 分 25 秒 8 帧的位置、3 分 31 秒 21 帧的位置、3 分 38 秒 6 帧的位置，依次更改标题内容为"以旅游造城""以风情开路""以创新树旗"，如下图所示。

**46** 复制刚创建的两个"杜甫江阁"标题素材，然后将其粘贴至 1 分 11 秒 15 帧的位置，并更改标题内容为"岳麓书院"，如下图所示。

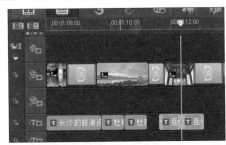

**49** 双击标题素材，然后在预览窗口中双击鼠标，更改标题的内容为"以生态为底"，如下图所示。

**51** 在预览窗口调整标题的位置，如下图所示。

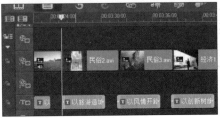

**53** 在标题轨 1 中的 3 分 43 秒 10 帧位置，单击"标题按钮"，然后在预览窗口中双击鼠标，输入字幕内容为"长沙，这座充满生机和挑战的城市，正迈着矫健的步伐，以海纳百川的胸襟，引领时代前沿，创造美好辉煌！"，如下图所示。

**54** 展开"选项"面板，切换至"编辑"选项卡，调整"区间"参数为 16 秒 4 帧，并设置"字体"为"汉仪魏碑简"，"字体大小"为 25，"色彩"为黑色，勾选"文字背景"复选框，如下图所示，然后设置文字背景为"白色"。

**55** 切换至"属性"选项卡，勾选"应用"复选框，在选取动画类型的下拉列表中选择"移动路径"类别，并选择合适的动画预设效果，如下图所示。

**56** 在预览窗口调整标题的位置，如下图所示。

**57** 单击"标题"按钮，在"标题"素材库中选择条目"LOREM/IPSUM"，如下图所示，并将其拖到标题轨 2 上的 3 分 56 秒 22 帧位置。

**58** 双击标题素材，然后在预览窗口中双击鼠标，更改标题的内容为"辉煌城市 / 魅力长沙"，如下图所示。

**59** 展开"选项"面板，切换至"编辑"选项卡，调整"区间"参数为 3 秒 24 帧，并设置"字体"为"书体坊米芾体"，"字体大小"为 70，设置"辉煌城市"字体颜色为白色，"魅力长沙"为蓝色，如下图所示。

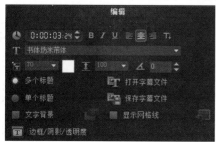

**60** 切换至"属性"选项卡，选择"光线"滤镜，并单击"删除滤镜"按钮，然后在预览窗口调整标题位置，如下图所示。

# 150

## 添加音频文件

为编辑好的视频添加音频文件，使视觉与听觉更加融合统一。本实例中将具体介绍如何添加音频。

 素材文件: DVD\ 素材 \ 第 21 章

 视频文件: DVD\ 视频 \ 第 21 章 \ 例 150.mp4

**01** 在时间轴中单击鼠标右键，执行【插入音频】|【到音乐轨 #1】命令，如下图所示。

**02** 在音乐轨 1 中插入音频素材（01.mp3），如下图所示。

**03** 在音频素材（01.mp3）上单击鼠标右键，执行【速度 / 时间流逝】命令，如下图所示。

**04** 在弹出的对话框中设置"速度"的参数为 76%，单击"确定"按钮，如下图所示。

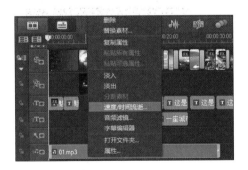

**05** 展开"选项"面板，在"音乐和声音"选项卡中单击"淡出"按钮，如下图所示。

**06** 在音乐轨 2 中 41 秒 15 帧的位置插入音频素材（With_An_Orchid.mp3），如下图所示。

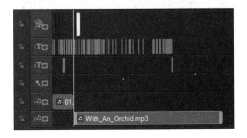

**07** 展开"选项"面板,在"音乐和声音"选项卡中设置"区间"参数为 2 分 37 秒 2 帧,单击"淡入""淡出"按钮,如下图所示。

**08** 在音乐轨 1 中 3 分 18 秒 23 帧的位置插入音频素材(M03-5-05.mp3),如下图所示。

**09** 将滑块移到 4 分 0 秒 21 帧的位置,单击导览面板中的"根据滑块位置分割素材"按钮,将音频素材(M03-5-05.mp3)分割为 2 段,如下图所示。

**10** 选择分割的第 2 段音频素材,按 Delete 键将其删除,如下图所示。

**11** 选择分割的第一段音频素材,展开"选项"面板,在"音乐和声音"选项卡中单击"淡出"按钮,如下图所示。

**12** "魅力长沙"宣传视频制作完成,单击导览面板中"播放"按钮,即可预览最终效果,如下图所示。